本书由“核科学与技术”湖南省国内一流建设学科资助

ADS 次临界堆物理谐波展开方法

谢金森　于　涛　陈珍平　著

U0872287

中国原子能出版社

图书在版编目（CIP）数据

ADS次临界堆物理谐波展开方法 / 谢金森，于涛，陈珍平著.
—北京：中国原子能出版社，2019.11
ISBN 978-7-5221-0269-6

Ⅰ. ①A… Ⅱ. ①谢…②于…③陈… Ⅲ. ①次临界装置
–反应堆物理学 Ⅳ. ①TL411

中国版本图书馆CIP数据核字（2019）第276869号

内 容 简 介

本书主要介绍了ADS次临界堆中子注量率的高阶谐波重构理论；中子扩散方程的特征值问题及高阶λ、α谐波的计算方法与程序；量化研究了ADS次临界堆稳态和脉冲源注入下的中子注量率的高阶谐波特性；探讨了点堆中子动力学方程动态特性参数，并以ADS次临界堆脉冲源实验为例研究了动态参数随次临界度的变化。

ADS次临界堆物理谐波展开方法

出版发行	中国原子能出版社（北京市海淀区阜成路43号 100048）		
策划编辑	韩 霞		
责任编辑	韩 霞		
装帧设计	赵 杰		
责任校对	冯莲凤		
责任印制	潘玉玲		
印 刷	北京画中画印刷有限公司		
经 销	全国新华书店		
开 本	787 mm×1092 mm 1/16		
印 张	8.25	**字 数**	200千字
版 次	2019年11月第1版 2019年11月第1次印刷		
书 号	ISBN 978-7-5221-0269-6	**定 价**	**41.00**元

发行电话：010-68452845 **版权所有 侵权必究**

总　序

南华大学创建于 1958 年，是一所因我国核工业事业需要而创办的高校，也是我国最早成立核科学技术学院的学校之一。在国家核工业事业的各个时期，南华大学始终坚守在核工业阵地，坚持为核工业人才培养不断档，坚持核科学研究不断线，坚持为核工业服务初心不改变，坚持“举核旗、做核事、育核人”的使命担当，为我国核工业系统输送了大量高级专门人才，是我国重要的核科学与技术科学研究与社会服务基地之一。

南华大学现有核工程与核技术、辐射防护与核安全、核化工与核燃料工程和核物理四个核类本科专业，拥有“核科学与技术”一级学科硕士、博士学位授权点和博士后科研流动站。“核科学与技术”学科是湖南省国内一流建设学科，在反应堆工程、辐射防护与核安全、核技术及应用等领域形成了自己鲜明的发展特色和优势。

为进一步促进我国核科学与技术事业的发展，南华大学系统梳理在核科学与技术学科积累的知识和经验，总结国内外核科学与技术的最新研究成果，在“双一流”建设学科的支持下，组织撰写了“核科学与技术”一流建设学科科学丛书，拟出版 11 本著作，其中包括本次首批出版的《反应堆核嬗变技术》《ADS 次临界堆物理谐波展开方法》《小型铅基快堆热工流体特性研究》和《蒙特卡罗中子输运模拟加速方法》，其他著作将陆续出版发行。

南华大学邀请了清华大学、西安交通大学、上海交通大学、华北电力大学、中国核动力研究设计院和中国原子能科学研究院等单位的专家对丛书进行审稿，专家们对书中的内容充分认可，提出了一些宝贵的修改建议和补充意见。我相信该系列科技丛书的出版对推动我国核科学与技术学科的人才培养与科学研究具有重要意义，我非常高兴将此系列丛书推荐给我国从事核科学与技术工作的科研工作者以及高校相关专业的教师和学生。

同时，对以于涛教授为带头人的学科队伍长期坚持核科学领域研究所取得的成果而深感欣慰，希望他们能够继续努力，早日实现习总书记所提出的：**为我国高等教育事业繁荣发展，为实现“两个一百年”奋斗目标，实现中华民族伟大复兴的中国梦作出新的更大贡献。**

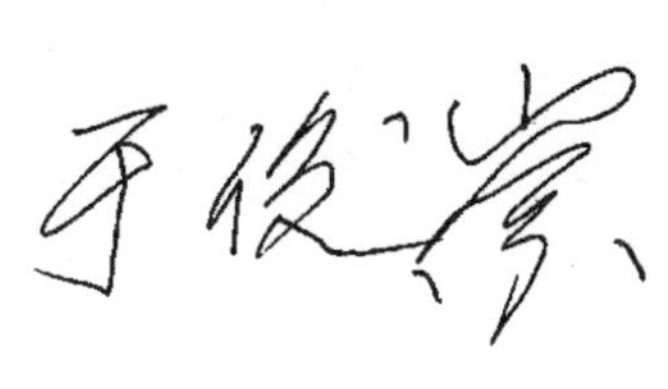

前　言

加速器驱动次临界反应堆（ADS）具有较高的中子富余度和固有的次临界安全性，是进行核废物嬗变的理想装置之一，自 ADS 概念提出以来，它一直是国内外裂变核能领域研究的热点之一。稳态外中子源驱动下的中子注量率分布和外中子源变化情况下的中子注量率时空特性是 ADS 次临界反应堆物理特性研究的关键问题。

由于外中子源的引入和深次临界特性，ADS 次临界反应堆中子注量率由基波与高阶谐波叠加形成，并且谐波分布受外中子源特性和次临界度双重影响。近年来，国外曾利用 λ 谐波开展过 ADS 次临界反应堆在极短时间尺度下的动态特性研究和基于瞬发 α 谐波的探测器空间修正因子和空间效应"消除"研究。但目前国内外尚未系统地利用 λ 和 α 谐波对 ADS 次临界反应堆的稳态与动态物理特性进行过研究。

本书利用中子扩散方程本征值问题谐波与共轭谐波的双正交特性，建立了 ADS 次临界反应堆物理特性的 λ 和瞬发 α 谐波展开分析方法。采用隐式重启动 Arnoldi 算法（IRAM）作为外迭代求解器，推导了一维、二维、三维笛卡儿坐标系 λ、瞬发 α 和缓发 α 本征值问题的多群有限差分方程，编制了谐波计算程序 HARMONY，并采用基准题进行了验证。基于谐波展开方法，编制了用于 ADS 次临界反应堆稳态与动态中子注量率重构的谐波展开程序 HARM_RECON。以三维四群 ADS 次临界反应堆数值问题为对象，利用 HARMONY 程序计算得到的前 200 阶 λ、瞬发 α 谐波及共轭谐波和对应的本征值，利用 HARM_RECON 程序重构并分析了 ADS 次临界反应堆在稳态外中子源和脉冲中子源驱动下的中子注量率时空特性。基于中子价值和瞬发 α 基波，推导出 ADS 次临界反应堆在脉冲中子源驱动下的点堆动力学方程和动态参数计算方法，探讨了关键点堆中子动力学参数随次临界度的变化机理。

本书在编写过程中参考了国内外相关专家、学者的论著，在此表示感谢！由于受到作者工作经验、知识面的限制，不一定完整反映相关专家、学者的卓有成效的工作，作者在此深表歉意！此外，由于作者水平有限，书中难免有疏漏与不当之处，恳请读者批评指正。

本书承蒙国家自然基金委项目（11305088、11875162、11575079）资助，在此表示由衷感谢。

本书得到了"核科学与技术"湖南省国内一流建设学科的资助，在本书的撰写过程中南华大学核科学技术学院院长赵立宏、书记颜桂花、副院长赵修良以及南华大学核科学技术学院全体教职工给予了支持与关心，在此一并衷心感谢。

目 录

第 1 章

引　言

1.1　裂变核能发展面临的问题

能源与环境是人类赖以生存和发展的基础，随着人类社会的不断发展，世界对能源的需求量不断增加。核能是目前唯一可大规模替代常规化石能源的清洁能源，将继续在未来的能源组成中占据重要位置。

截至 2019 年 6 月底，中国大陆在运核电机组 47 台，装机容量 4 873 万 kW，位居全球第三。根据国务院通过的《国家核电中长期发展规划》及国家核电“十三五规划”，预计到 2020 年，我国核电装机容量将要达到 58 GW，在建装机容量将达到 30 GW 以上；到 2030 年，中国预计将有 110 台以上的核电机组投入运行，这一数量将超过美国，届时我国将成为世界上核电机组数量最多的国家。

尽管核电是安全、高效、低碳的能源，然而乏燃料的妥善处置是目前裂变核能可持续发展亟待解决的问题。随着我国核电装机容量的不断增长，乏燃料储存、处置压力也将不断增大。

乏燃料中的次锕系核素（MA，主要是 ^{237}Np、^{241}Am、^{243}Am、^{244}Cm、^{245}Cm 等）和长寿命裂变产物（LLFP，主要是 ^{99}Tc、^{129}I、^{135}Cs、^{90}Sr 等）半衰期长、放射性毒性大，若直接进行地质深埋处置，乏燃料的放射性毒性需要长达 10^5 年才能降低至天然铀当量水平，潜在的长期风险难以准确评估[1-3]。“分离 – 嬗变（P&T）”策略将乏燃料中的 MA 和 LLFP 分离后利用核反应将其嬗变为短寿命或稳定核素，可使得乏燃料的放射性毒性在 500 年左右即降低到天然铀当量水平。P&T 策略可有效降低乏燃料的长期放射性毒性，减小需最终地质处置的核废物的数量。

1.2　加速器驱动次临界反应堆

安全、高效的嬗变装置是 P&T 策略顺利实施的关键之一。加速器驱动次临界反应堆（ADS）是由高能质子加速器、散裂靶、次临界反应堆构成的新型核能系统，其基本原理如图 1-1 所示。ADS 利用中能强流质子加速器加速的质子轰击重金属靶，使其发生散裂反应，产生大量高能量中子，作为一个恒定的外中子源驱动次临界反应堆，次临界反应堆对这些外中子进行放大（次临界倍增），使次临界系统维持在一定功率水平，从而得到核能，ADS 在此概念下就是一个能量放大器。ADS 除了能够输出核能外，还可以利用它富余的部分中子嬗变核废料中的核素，大幅降低裂变核能最终需要处置的核废物的放射性毒性和存量，使裂变核能变为放射性洁净的能源。相比传统反应堆，ADS 具有较高的中子富余度和次临界安全性，具有较强的 MA 和 LLFP 嬗变能力，发展 ADS 技术是保障我国能源安全与实现裂变核能可持续发展的一条可行路线[4-6]。同时，国际核科技界也认为，在核燃料循环中引入 ADS 是一个有前途的新一代核能开发的技术路线。国际原子能机构（IAEA）把 ADS 列入新型核能系统，称之为“新出现的核废物嬗变及能量产生的核能系统”，并将其纳入 IAEA 快堆与 ADS 技术工作组的年会内容。

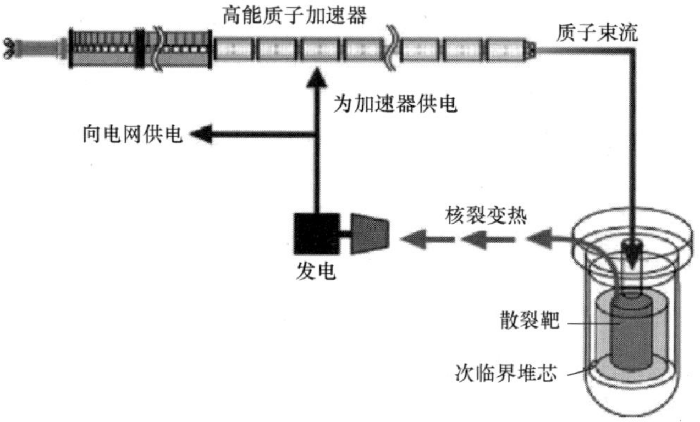

图 1-1　ADS 原理示意图

1.3　本书的主要内容

1.3.1　背景及意义

ADS 由质子束轰击重金属靶产生的高能散裂中子驱动次临界反应堆运行。为保证次临界反应堆的次临界安全裕度、嬗变中子富余度并兼顾产能，一般 ADS 次临界反应堆的 k_{eff} 在 0.95 至 0.98 之间[7]。

由于强外源的引入和深次临界特性，ADS 次临界反应堆的稳态和动态物理特性均与传统临界反应堆有着较大差别，主要体现在：① 传统的反应堆依赖自身中子平衡实现运行，一般可以认为中子注量率分布遵循或接近临界状态时的分布（即λ基波），而 ADS 次临界反应堆偏离临界较远，中子注量率分布由基波与高阶谐波叠加构成；② 外中子源可以看作中子平衡方程的特殊边界条件，它与 ADS 次临界反应堆自身的核特性一起影响谐波对 ADS 次临界反应堆稳态中子注量率的贡献[8-9]；③ 由于基波与高阶谐波各自具有独立的空间分布特性和时间特性，因此当驱动 ADS 次临界反应堆的外中子源发生变化时（例如脉冲中子源实验、失束事故等），不同堆芯位置处的中子注量率随时间的变化规律并不一致（“空间效应”）[10-12]。

总的来说，ADS 次临界反应堆具有不同于传统临界反应堆的稳态与动态中子学特性，因而基于传统临界反应堆框架的实验方法和理论在应用于 ADS 次临界反应堆时面临挑战。2014 年在日本京都召开的 PHYSOR2014 国际会议的技术总结报告认为，深次临界情况下的中子时空动力学、次临界度的准确测量、动态参数的计算方法、实验结果的分析与合理解释仍然是目前发展 ADS 技术过程中亟待解决的关键问题[13]。

通过前面的论述可知，基波和谐波共存是导致的 ADS 次临界反应堆中子学特性不同于传统临界反应堆的最根本原因，谐波为我们提供了一条研究 ADS 次临界反应堆中子学特性的新路径。基于谐波开展研究将有助于进一步深入理解 ADS 次临界反应堆的稳态与动态物理特性。

1.3.2 本书主要内容

为了介绍 ADS 次临界反应堆物理特性的谐波展开研究，本书主要内容如下：

第 1 章为引言，简要介绍国内核能发展趋势、裂变核能发展面临的问题、加速器驱动次临界反应堆、本书的背景及主要内容。

第 2 章总结了国内外 ADS 次临界反应堆物理的研究现状和谐波计算与应用的研究现状。

第 3 章介绍了 ADS 次临界反应堆物理有关的概念和方程，并进行了 ADS 次临界反应堆物理理论的探讨；基于中子扩散方程本征值问题谐波与共轭谐波双正交关系，建立了 ADS 次临界反应堆中子注量率的 λ 和 α 谐波展开理论。

第 4 章介绍了目前已有的几种谐波计算方法的原理与流程，通过理论分析结合文献结果，从计算效率、计算稳定性等方面对几种谐波计算方法进行了简要比较分析。

第 5 章介绍了用于谐波计算的隐式重启动 Arnoldi 算法（IRAM）程序包 ARPACK；推导了 λ、瞬发 α 和缓发 α 谐波计算的内迭代有限差分方程组，介绍了谐波计算程序 HARMONY。

第 6 章建立了 ADS 次临界反应堆三维四群确定论计算模型；采用 HARMONY 程序计算了 ADS 次临界反应堆的 λ 和瞬发 α 谐波，给出了 λ 谐波的空间分布规律；介绍了中子注量率谐波重构程序 HARM_RECON 及 ADS 次临界反应堆稳态中子注量率直接计算程序 ADS_STEADY；以 ADS_STEADY 程序直接计算结果作为参考结果，利用 HARM_RECON 程序对 ADS 次临界反应堆在稳态外中子源驱动下的中子注量率、外中子源有效增殖系数 k_s 进行了 λ 和瞬发 α 谐波重构，并分析了不同次临界度不同谐波展开阶数下的稳态中子注量率、k_s 的重构精度，以及各阶谐波对稳态中子注量率的贡献。

第 7 章介绍了 ADS 次临界反应脉冲中子源响应特性的直接计算程序 ADS_PNS，采用 ADS_PNS 程序计算了 ADS 次临界反应堆在脉冲源（PNS）注入下不同位置处中子注量率随时间的变化；基于高阶谐波滤除理论分析了不同次临界度下、不同位置处高阶瞬发 α 谐波影响的时间范围，得到滤除高阶瞬发 α 谐波后的瞬发中子衰减常数；以 ADS_PNS 程序直接计算结果为参考结果，利用谐波展开程序 HARM_RECON，采用瞬发 α 谐波重构了 ADS 次临界反应堆在脉冲中子源驱动下的中子注量率时空特性，分析了瞬发 α 谐波重构中子注量率的误差和谐波展开系数随时间的变化；基于中子时空动力学方程，推导了脉冲中子源驱动下的点堆动力学方程和动态参数计算方法，计算分析了脉冲中子源驱动下动态参数渐近值随次临界度的变化，并利用瞬发 α 方法对 ADS 次临界反应堆 k_{eff} 进行了计算分析。

第 8 章总结了本书的主要内容，给出结论及未来的展望。

参考文献

[1] 周培德. MOX 燃料模块快堆嬗变研究 [D]. 中国原子能科学研究院，2000.

[2] 罗璋琳. 核废料核素价值研究 [J]. 原子能科学技术，2004，38（4）：283-288.

[3] 史永谦. 核电站乏燃料对生物圈的影响及 ADS 对策 [J]. 原子核物理评论，2007，24（2）：151-155.

[4] 方守贤，王乃彦，何多慧等. 关于加速器驱动次临界系统（ADS）研发促进我国核能可持续发展的建议 [J]. 中国科学院院刊，2009，24（6）：641-644;

[5] 詹文龙，徐瑚珊. 未来先进核裂变能—ADS 嬗变系统 [J]. 中国科学院院刊，2012，27（3）：375-381.

[6] 李泽霞，刘小平，相丽等. 加速器驱动次临界系统发展态势分析 [J]. 科学观察，2011，6（3）：32-43.

[7] Nifenecker H.，Sdavid S.，Mloiseaux J. Basics of accelerator driven subcritical reactors [J]. Nuclear Instruments & Methods in Physics Research A-accelerators Spectrometers Detectors and Associated Equipment，2001，463（3）：428-467.

[8] Carine Dokter. Experimental and computational determination of Alpha modes of the Delphi subcritical assembly [D]. Delft University of Technology，2012.

[9] Akio Yamamoto，Seiji Shiroya. Study on neutronics design of accelerator driven subcritical reactor as future neutron source，part 1：static characteristics [J]. Annals of Nuclear Energy，2003，30：1409-1424.

[10] 曹健，史永谦，夏普等. ADS“启明星 1#”中子注量率密度时空特性实验研究[J]. 原子能科学技术，2007，27（4）：310-316.

[11] Akio Yamamoto，Seiji Shiroya. Study on neutronics design of accelerator drivensubcritical reactor as future neutron source，part 2：kinetic characteristics [J]. Annals of Nuclear Energy，2003，30：1425-1435.

[12] 史永谦，夏普，罗璋琳等. ADS 次临界实验装置–启明星 1# [J]. 原子能科学技术，2005，39（5）：8-12.

[13] Akio Yamamoto. Technical Summary of PHYSOR2014.

第 2 章

国内外相关研究的现状

2.1 ADS 次临界反应堆物理研究的国内外现状

ADS 概念首先由物理学家 C.Rubbia 提出。1993 年，欧洲核子中心（CERN）研究人员提出将粒子加速器与次临界反应堆对接产生清洁可持续核能的 EA（Energy Amplifier）概念[1-2]。

1995 年，CERN 开展了第一个 ADS 能量放大实验——FEAT（First Energy Amplifier Test）[3]。随后，CERN 研究了散裂中子在铅堆砌 Σ 堆中的慢化行为，提出了采用“绝热共振穿越”（Adiabatic Resonance Crossing）方法高效嬗变长寿命裂变产物（LLFP）与制造同位素的概念研究[4]。

欧盟在法国零功率快堆 MASURCA 的基础上建立了 MUSE 实验装置，并开展 MUSE 系列实验。MUSE-1 和 MUSE-2 实验于 1995—1996 年开展，使用 ^{252}Cf 中子源驱动次临界反应堆，主要用于验证中子学测量方法的可行性和外中子源驱动下的次临界反应堆物理特性。1998 年开展的 MUSE-3 实验将高压倍加器与次临界反应堆耦合，采用 D-T 中子源驱动次临界反应堆，测量了多种次临界度下的外中子源价值、次临界反应堆功率分布等。在 MUSE-3 研究中还进行了脉冲中子源方法（PNS）测量次临界度研究[5]。基于 MUSE-3 实验中发现的一些问题，MUSE-4 实验制造了专门的 GENEPI 加速器中子源，改进了束流脉冲宽度等，MUSE-4 上的实验表明 PNS 方法测量深次临界度的可行性[6]。

与 MUSE 系列实验同时，CERN 还开展了基于 TRIGA 反应堆的 ADS 实验 TRADE（TRiga Accelerator Driven Experiments）[7]；白俄罗斯和瑞典在 YALINA-Thermal 和 YILINA-Booster 装置上进行了脉冲中子源实验[8]。

与欧美 ADS 研究同步，日本的 ADS 研究工作主要集中在日本原子力研究所（JAERI）和京都大学。JAERI 进行了钍基固体与熔盐燃料 ADS 的中子学研究[9]；日本京都大学在 KUCA 装置上建立加速器驱动次临界实验装置，研究了 KUCA 次临界装置的稳态中子注量率空间分布和中子能谱[10]，以及脉冲中子注入后 KUCA 次临界装置内不同位置的中子注量率和中子能谱随时间的演化特性[11]。2010 年，日本京都大学在 KUCA 次临界装置上进行了钍燃料堆芯的 D-T 中子源驱动实验、核反应率测量[12]、次临界倍增系数和外中子源价值测量[13]。2011 年，日本京都大学在 KUCA 次临界装置上开展了 100 MeV 质子束轰击钨靶产生的散裂中子源驱动的钍燃料次临界反应堆实验[14]。

我国的科技工作者自 20 世纪 90 年代开始对 ADS 系统开展概念研究，并于 2005 年建成世界首个“快－热”耦合 ADS 次临界实验装置——“启明星 1 号”[15-17]。并在该装置上开展了外推临界、脉冲中子源、跳源等一系列稳态与动态物理实验[18-23]。2011 年，国家自然科学基金委开始正式发布“先进核裂变能的燃料增殖与嬗变”重大研究计划，并将 ADS 列为嬗变核能系统的重点研究对象之一。与此同时，中国科学院也启动了战略性先导科技专项，将 ADS 嬗变系统和钍基熔盐堆列为“未来先进核裂变能”项目的主要攻关方向。

2.2 谐波中子注量率计算与应用的国内外现状

传统的反应堆堆芯计算的对象主要是 λ 本征值方程，并且一般只关注其基波本征值及基波，而对于中子输运（或扩散）方程本征值问题高阶谐波给予的关注相对较少。

Filippone 等人[24]基于 ANISN 和 DOT 程序，通过带源修正的幂迭代算法，针对一维、二维平板反应堆问题开展了完备 α 本征值的计算研究。Dahl[25]，Sahni[26]和 Sahni[27]等采用解析和半解析方法计算了一维单群均匀平板反应堆的高阶 α 本征值。

Modak 等人[28]将瞬发 α 本征值问题显式地表示成通用的矩阵本征值问题，发展了高阶瞬发 α 本征值的直接计算方法。并针对均匀与非均匀一维平板反应堆单群各向同性散射问题进行了计算研究。

Lathouwers[29]基于中子输运方程 Pn 近似理论，采用隐式重启动 Arnoldi 算法（IRAM）计算了一维平板反应堆单群问题和一维平板 ADS 次临界反应堆（单群和三群）的高阶瞬发 α 本征值。Lathouwer[30]开展了基于偶－对称中子输运方程的高阶瞬发 α 本征值的 IRAM 算法计算研究。Verdú等[31]采用 IRAM 算法，计算分析了 TMI 压水堆基准题的低阶 λ 本征值，并比较了不同 Krylov 子空间数目对 IRAM 迭代次数的影响。此后，Verdú等[32]采用 IRAM 算法计算了 PHWR 重水堆基准题的低阶 λ 本征值和低阶瞬发、缓发 α 本征值。

Modak 等[33]采用 Meyer 子空间迭代算法（SSI）计算了 PHWR 重水堆基准题的低阶 λ 本征值。Singh 等[34]在 Modak 等工作基础上，采用 SSI 算法开展了低阶瞬发 α 本征值计算，并通过引入补偿因子的方法将 SSI 算法拓展到超临界系统瞬发 α 本征值计算中。Gupta 等[35]基于 SSI 算法开发了谐波计算程序 PARTISN，对一维非增殖介质单群均匀平板反应堆问题和一维 5 区对称与非对称平板反应堆问题进行了瞬发 α 谐波计算，Gupta 等在研究中同时发现了原因不明的 SSI 算法收敛问题，即随着迭代次数的增加并无法确保本征值收敛残差减小。

József Kópházi 等[36]以 VENUS－F 实验装置为对象，在组件均匀化的基础上，基于有限元空间离散的 Sn 求解器，分别采用 SSI 和 IRAM 算法进行了 VENUS－F 实验装置瞬发 α 谐波计算，并比较了这两种算法对 CPU 和内存的消耗情况，结果表明在串行计算条件下，SSI 算法的内存开销比 IRAM 算法小，但 IRAM 算法的速度更快。

Viktoriya V 等[37]采用 λ 谐波作为展开基函数，研究了二维 $X-Y$ 几何 ADS 次临界反应堆的极短时间尺度的动态特性，并将结果与 ERANOS 程序的准静态结果做了比较。Carine Dokter[38]采用基于 IRAM 算法建立了谐波计算程序 DALTON，并对 Delphi 次临界装置的瞬发 α 本征值和谐波进行了计算，得到了低阶瞬发 α 谐波的零点，用于优化脉冲中子源实验中的探测器位置。

K.P.Singh 等[39]基于 $k-\alpha$ 回归算法，首先采用带源修正的幂迭代算法计算高阶 λ 谐波，然后通过引入时间吸收项，将 α 谐波计算转化为 λ 谐波计算，计算了高阶瞬发 α、缓发 α 谐波和本征值。Yan Cao[40]针对 MUSE-4 脉冲中子源实验中存在的“空间效应”，采用瞬发 α 谐波计算了次临界度测量的面积比方法中的空间修正因子，并应用于实验结果修正，表明了考虑高阶瞬发 α 谐波可减小“空间效应”，使各探测器得到较为一致的结果。

国内的谐波研究工作相对较少，并且以 λ 本征值问题为主。李富[41]基于带源修正的幂迭代算法，通过修改 CITATION 程序，使其能够实现高阶 λ 谐波的计算功能，并利用 λ 谐波展开法进行了 200 MW 低温供热堆堆芯精细中子注量率分布重构。夏兆东[42]基于低阶 λ 谐波展开思想，通过参考堆芯的低阶 λ 谐波结合局部扰动函数计算了压水堆换料堆芯中子注量率分布和有效增殖因数；黄义超等[43]采用 IRAM 算法对中子扩散方程高阶 λ 谐波进行了计算，并研究了 Krylov 子空间数目对 λ 谐波计算精度和速度的影响。王常辉[44]基于 IRAM 算法编制了高阶 λ 谐波计算程序 CITK，通过不同工况下（堆芯燃耗、控制棒棒位、硼浓度等）的 λ 谐波进行计算，建立了离散工况下的 λ 谐波数据库，并利用 λ 谐波展开法实现了压水堆堆芯功率分布监测。

从上述现有的谐波计算研究来看，目前的算法主要有带源修正的幂迭代算法、IRAM 算法和 Meyer 子空间迭代算法。谐波计算和应用的对象以 PWR、PHWR、石墨气冷堆等临界反应堆为主。国外在 ADS 次临界反应堆上虽然开展了一些 λ 和瞬发 α 谐波计算，但所研究的对象以一维平板与二维 $X-Y$ 几何反应堆为主，所研究的问题主要是脉冲中子源实验探测器位置优化及“空间效应”修正。国内外从谐波角度系统地开展 ADS 次临界反应堆稳态与动态物理特性的研究尚不多见。

参考文献

[1] Carminati F., Klapisch R., Revol J. P., et al. AN ENERGY AMPLIFIER FOR CLEANER AND INEXHAUSTIBLE NUCLEAR ENERGY PRODUCTION DRIVEN BY A PARTICLE BEAM ACCELERETOR [R]. CERN/AT/93-47（ET），1993，Geneva.

[2] Rubbia C., et al. Conceptual design of a fast neutron operated high power Energy Amplifier [R]. CERN/AT/95-44（ET），1995，Geneva.

[3] Andriamonje S，Angelopoulos A，Apostolakis A，et al. Experimental determination of the energy generated in nuclear cascades by a high energy beam [J]. Physics Letters B，1995，38：697-709.

[4] Arnould H，Bompas C A，Moral R Del，et al. Experimental verification of neutron

phenomenology in lead and transmutation by adiabatic resonance crossing in accelerator driven systems [J]. Physics Letters B, 1999, 458: 167-180.

[5] The MUSE European Collaboration. Neutronics Studies in Support of ADS: The MUSE Experiments in the MASURCA Facility [R]. 2003.

[6] Peter Baeten, Hamid Ait Abderrahim. Measurement of kinetic parameters in the fast subcritical core MASURCA [J]. Nuclear Engineering and Design, 2004, 230: 223-232.

[7] Luigi Mercatali, Mario Carta, Vincenzo Peluso. Interpretation of the TRADE In-Pile source multiplication experiments [J]. Nuclear Instruments and Methods in Physics Research A, 2006, 562: 875-878.

[8] Carl-Magnus Persson, Andrei Fokau, Ivan Serafimovich. et al. Pulsed neutron source measurements in the subcritical ADS experiment YILINA-Booster[J]. Annals of Nuclear Energy, 2008, 35: 2357-2364.

[9] Ishimoto S, Ishibashi K, Tenzou H, et al. Neutronics Study on Accelerator Driven Subcritical Systems with Thorium-Based Fuel for Comparison Between Solid and Molten-Salt Fuels [J]. Nuclear Technology, 2002, 138 (3): 300-312.

[10] Yamamoto Akio, Shiroya Seiji. Study on neutronics design of accelerator driven subcritical reactor as future neutron source, part 1: static characteristics [J]. Annals of Nuclear Energy, 2003, 30: 1409-1424.

[11] Yamamoto Akio, Shiroya Seiji. Study on neutronics design of accelerator driven subcritical reactor as future neutron source, part 2: kinetic characteristics [J]. Annals of Nuclear Energy, 2003, 30: 1425-1435.

[12] Hesham Shahbunder, Cheol Ho Pyeon, Misawa Tsuyoshi, et al. Experimental analysis for neutron multiplication by using reaction ratedistribution in accelerator-driven system [J]. Annals of Nuclear Energy, 2010, 37: 592-597.

[13] Hesham Shahbunder, Cheol Ho Pyeon, Misawa Tsuyoshi. Subcritical multiplication factor and source efficiency in accelerator-driven system [J]. Annals of Nuclear Energy, 2010, 37: 1214-1222.

[14] Cheol Ho Pyeon, Lim Jae-Yong, Takemoto Yuki, et al. Preliminary study on the thorium-loaded accelerator-driven system with 100 MeVprotons at the Kyoto University Critical Assembly [J]. Annals of Nuclear Energy, 2011, 38: 2298-2302.

[15] 于涛，史永谦，夏普，等. ADS“启明星”次临界实验平台物理方案初步设计[J]. 原子能科学技术，2004，38（6）：1-4.

[16] 史永谦，夏普，罗璋琳，等. ADS 次临界实验装置-启明星 1 号 [J]. 原子能科学技术，2005，39（5）：8-12.

[17] 于涛，史永谦，夏普，等. ADS 次临界实验装置设计方案验证，核动力工程，2004，25（4）：337-339.

[18] 邓勇军，权艳慧，刘汉刚，等. 启明星 1 号装置快热分界面的中子能谱实验测量

与理论计算［J］. 原子能科学技术，2009，43（4）：316-321.
［19］曹健，史永谦，夏普，等. ADS“启明星 1 号”中子注量率密度时空特性实验研究［J］. 原子能科学技术，2007，27（4）：310-316.
［20］朱庆福，史永谦，李义国，等. 跳源法在 ADS 中子学研究中的应用［J］. 原子能科学技术，2003，37（3）：246-249.
［21］郭广水，于涛，夏普. 启明星 1 号实验装置 k_s、k_{eff} 和 ϕ^* 的模拟计算［J］. 原子能科学技术，2008，42（2）：185-188.
［22］吴小波，夏普，朱庆福，等. 启明星 1 号次临界装置内不同位置探测器的中子计数率变化［J］. 原子能科学技术，2010，44（6）：676-680.
［23］XIE Jinsen，YU Tao. RE-EVALUATION OF PULSED NEUTRON EXPERIMENT ON FAST-THERMALCOUPLED SUB-CRITICAL REACTOR VENUS-1#［C］. Proceedings of the 2013 21st International Conference on Nuclear Engineering，ICONE21，Chengdu，China，July 29-August 2，2013.
［24］Filippone W L. Conversano R. Ordinary and generalized eigenvectors of loworderSn diamond-difference transport operators［J］. Nuclear Science and Engineering，1983，83：75.
［25］Dahl E B，Protopopescu V，Sjotrand N G. On the relation between decayconstants and critical parameters in monoenergetic neutron transport［J］. Nuclear Science and Engineering，1983，83（3）：374-379.
［26］Sahni D C，Sjotrand N G. Criticality and time eigenvalues in one-speedneutron transport［J］. Progress in Nuclear Energy，1990，23（3）：241-289.
［27］Sahni D C. Some new results pertaining to criticality and time eigenvalues ofone-speed neutron transport equation［J］. Progress in Nuclear Energy，1996，30（3）：305-320.
［28］Modak R S，Fupta A. A simple scheme for the direct evaluation of timeeigenvaluesof neutron transport equation［J］. Annals of Nuclear Energy，2003，30（2）：211-222.
［29］Lathouwers D. Iterative computation of time-eigenvalues of the neutrontransport equation［J］. Annals of Nuclear Energy，2003，30（17）：1793-1806.
［30］Lathouwers D. Computing time-eigenvalues using the even-parity transportform［J］. Annals of Nuclear Energy，2006，33，941-943.
［31］Verdú G，Miró R，Ginestar D，et al. The implicit restarted Arnoldimethod，an efficient alternative to solve the neutron diffusion equation［J］. Annalsof Nuclear Energy，1999，26（7）：579-593.
［32］Verdú G，Ginestar D ，Román J，et al. 3D alpha modes of a nuclear powerreactor［J］. Journal of Nuclear Science and Technology，2010，47（5）：505-514.
［33］Modak R S，Jain V K. Sub-space iteration scheme for the evaluation of kmodesof finite-differenced multi-group neutron diffusion equations［J］. Annals ofNuclear Energy，1996，23（3）：229-237.

[34] Singh K P，Modak R S，Degweker S B，et al. Iterative schemes forobtaining dominant alpha-modes of the neutron diffusion equation [J]. Annals ofNuclear Energy，2009，36（8）：1086-1092.

[35] Anurag Gupta，Modak R S. Evaluation of dominant time-eigenvalues of neutron transport equation by Meyer's sub-space iterations [J]. Annals of Nuclear Energy，2011，38：1680-1686.

[36] József Kópházi，Danny Lathouwers. Three-dimensional transport calculation of multiple alpha modes in subcritical systems [J]. Annals of Nuclear Energy，2012，50：167-174.

[37] Viktoriya V. Kulik，John C. Lee. Applications of Modal-Local Analysis for Source-Driven Subcritical Systems [C]. PHYSOR 2004—The Physics of Fuel Cycles and Advanced Nuclear Systems：Global Developments，Chicago，Illinois，April 25-29，2004 on CD-ROM，American Nuclear Society，Lagrange Park，IL（2004）.

[38] Carine Dokter. Experimental and computational determination of Alpha modes of the Delphi subcritical assembly [D]. Delft University of Technology，2012.

[39] Singh K P，Degweker S B，Modak R S，et al. Iterative method for obtaining the prompt and delayed alpha-modes of the diffusion equation [J]. Annals of Nuclear Energy，2011，38：1996-2004.

[40] Yan Cao. SPACE-TIME KINETICS AND TIME-EIGENFUNCTIONS [D]. University of Michigan，2008.

[41] 李富，胡永明，罗征，培. 反应堆中子方程的高阶谐波 [J]. 核科学与工程，1996，16（2）：127-132.

[42] 夏兆东. 低阶谐波展开方法的改进研究 [D]. 中国原子能科学研究院，2007.

[43] 黄义超，张少泓. 隐式重启的 Arnoldi 方法及其在高阶谐波求解中的应用 [J]. 核科学与工程，2008，28（2）：101-106.

[44] 王常辉. 谐波展开法及其在反应堆堆芯功率在线监测中的应用研究 [D]. 2011，西安交通大学.

第 3 章

ADS 次临界反应中子注量率的谐波展开理论

3.1 ADS 次临界反应堆物理

3.1.1 临界反应堆的中子平衡

传统反应堆依靠裂变释放的次级中子诱发下一次裂变，形成可控的、自持的（不依赖外中子源）链式裂变反应。我们通常用有效增殖因数 k_{eff} 来表征反应堆是否能够形成稳定自持链式裂变反应，它与反应堆的几何尺寸（含边界条件）、材料组成及系统温度相关，而与有无外中子源无关，它是反应堆自身固有的中子学属性。根据每一代中子循环的观点，k_{eff} 可定义为：

$$k_{\text{eff}}=\frac{\text{系统内产生的子代中子数目}}{\text{系统内产生子代中子的直属上一代（父代）中子数目}} \tag{3-1}$$

当 $k_{\text{eff}}\geqslant 1$ 时，系统可形成自持链式裂变反应；当 $k_{\text{eff}}<1$ 时，系统无法形成稳定的自持链式裂变反应。我们将、$k_{\text{eff}}=1$、$k_{\text{eff}}>1$、$k_{\text{eff}}<1$ 对应的系统状态称为临界、超临界、次临界。

考虑一般情况，总可以在裂变中子源项中引入调节因子 $\frac{1}{k_{\text{eff}}}$ 使反应堆虚拟临界。此时，无外中子源的反应堆中子平衡方程的表示为：

$$L\phi_{\text{c}}=\frac{1}{k_{\text{eff}}}\chi F\phi_{\text{c}} \tag{3-2}$$

$$\chi=(1-\beta)\chi_{\text{p}}+\sum_{i=1}^{6}\chi_{\text{d},i}\beta_i \tag{3-3}$$

式中：ϕ 为中子注量率；χ 为总（或平均）裂变中子谱；β 为总的缓发中子份额；χ_{p} 为瞬发中子谱；$\chi_{\text{d},i}$ 为第 i 组缓发中子谱；β_i 为第 i 组缓发中子份额；脚标 c 表示临界（critical）。

在扩散理论下，方程（3-2）、方程（3-3）中的算符分别为：

$$\begin{aligned}L\phi_{\text{c}}=&-\nabla\cdot D(r,E)\nabla\phi_{\text{c}}(r,E)+\Sigma_{\text{t}}(r,E)\phi_{\text{c}}(r,E)\\&-\int_0^{\infty}\Sigma_{\text{s}}(r,E'\to E)\phi_{\text{c}}(r,E')\text{d}E'\end{aligned} \tag{3-4}$$

$$F\phi_c = \int_0^{\infty} \upsilon(r,E')\Sigma_f(r,E')\phi_c(r,E')\mathrm{d}E' \tag{3-5}$$

式中：D 为扩散系数；Σ_t 为宏观总截面；Σ_s 为宏观散射截面；υ 为平均裂变中子数；Σ_f 为宏观裂变截面。

根据方程（3-2）也可以从中子动态平衡的观点定义 k_{eff}:

$$k_{\mathrm{eff}} = \frac{\langle \chi F\phi_c \rangle}{\langle L\phi_c \rangle} = \frac{\text{系统内中子的产生率}}{\text{系统内中的消失率(泄漏率+吸收率)}} \tag{3-6}$$

方程（3-6）中 $\langle \cdots \rangle$ 表示对空间、能量的积分。

3.1.2 ADS 次临界反应堆的中子平衡

ADS 次临界反应堆需要在外中子源驱动下才能实现运行，中子平衡方程可写成方程（3-7）、方程（3-8）:

$$\frac{1}{v}\frac{\partial \phi}{\partial t} = -L\phi + (1-\beta)\chi_p F\phi + \sum_{l=1}^{6}\chi_{d,i}\lambda_i C_i + Q \tag{3-7}$$

$$\frac{\partial C_i}{\partial t} = \beta_i F\phi - \lambda_i C_i \tag{3-8}$$

$$i = 1,2,\cdots,6$$

式中：t 为时间；v 为中子速度；λ_i 为第 i 组缓发中子先驱核衰变常量；C_i 为第 i 组缓发中子先驱核浓度；Q 为外中子源。

在 ADS 次临界反应堆内，中子的产生率包含裂变产生率（瞬发与缓发）与外中子源产生率。在稳态外中子源 Q_0 驱动时，ADS 次临界反应堆内中子的产生率与消失率平衡，可实现稳态运行，此时有：

$$L\phi_s = \chi F\phi_s + Q_0 \tag{3-9}$$

式中：脚标 s 表示稳态（steady state）。

从数学上看，方程（3-2）是齐次的，而方程（3-9）是非齐次的，一定具有非零解，根据微分方程理论，方程（3-9）的解可表示为对应齐次方程的通解与非齐次方程特解的线性叠加。因此，对于 ADS 次临界反应堆的中子注量率随能量、空间的变化规律不但与次临界反应堆自身中子学属性有关还与外中子源的特性息息相关[1-2]。

3.1.3 外中子源有效增殖因数 k_s

为了描述 ADS 次临界反应堆的稳态中子增殖特性，引入外源有效中子增殖因数 k_s[3-4]。类比传统临界反应堆有效增殖因数 k_{eff} 的定义，我们将 k_s 定义为在稳态外中子源驱动下 ADS 次临界反应堆内中子的裂变产生率与中子消失率之比，如方程（3-10）所示。

$$k_s = \left\langle \frac{\chi F\phi_s}{L\phi_s} \right\rangle = \left\langle \frac{\chi F\phi_s}{\chi F\phi_s + Q_0} \right\rangle \tag{3-10}$$

比较方程（3-6）、方程（3-10）可知 k_s 与 k_{eff} 不同，主要体现在中子注量率 ϕ_s 和 ϕ_c 的

差异：前者是 ADS 次临界反应堆外稳态外中子源驱动下的稳态中子注量率分布，后者是反应堆在临界状态下的中子注量率分布，两者并不一致，而稳态外中子源 Q_0 的存在是导致 ϕ_s 和 ϕ_c 的差异的根本原因。

3.2 中子扩散方程本征值问题

3.2.1 λ 本征值问题

无外中子源时，非稳态中子扩散方程可写成：

$$\frac{1}{v}\frac{\partial \phi}{\partial t}=-L\phi+(1-\beta)\chi_{\mathrm{p}}F\phi+\sum_{i=1}^{6}\chi_{\mathrm{d},i}\lambda_i C_i \tag{3-11}$$

$$\frac{\partial C_i}{\partial t}=\beta_i F\phi-\lambda_i C_i \tag{3-12}$$

通过在方程（3-11）、方程（3-12）右边的裂变中子源项中引入调节因子 $1/\lambda$，使反应堆虚拟临界，如方程（3-13）所示。

$$L\phi_\lambda=\frac{1}{\lambda}\chi F\phi_\lambda \tag{3-13}$$

方程（3-13）称为 λ 本征值方程[5]，其中 ϕ_λ 为对应的本征函数（或称为谐波）。可以证明无论系统是否临界，方程（3-13）均具有正的离散的本征值 $\lambda_1>\lambda_2>\cdots>\lambda_n$ 和对应的谐波 $\phi_{\lambda,1},\phi_{\lambda,2},\cdots,\phi_{\lambda,n}$，$n$ 为谐波阶数。最大本征值 λ_1 称为 λ 基波本征值，它具有有效增殖因数 k_{eff} 的物理含义；$\phi_{\lambda,1}$ 称为 λ 基波，它表示恰好临界的系统的中子注量率分布 ϕ_c。

应该指出，λ 本征值方程一般用于接近临界状态反应堆的 k_{eff} 和中子注量率计算，对于偏离临界较远的反应堆，$\phi_{\lambda,1}$ 不表示任何真实的中子注量率。

除单群情况外，一般地，$\phi_{\lambda,n}$ 并不正交。可定义（3-13）的共轭方程为：

$$L^+\phi_\lambda^+=\frac{1}{\lambda}(\chi F)^+\phi_\lambda^+ \tag{3-14}$$

式中：L^+ 和 $(\chi F)^+$ 分别为 L 和 χF 的共轭算符；ϕ_λ^+ 为共轭 λ 谐波。$\phi_{\lambda,n}$ 、$\phi_{\lambda,m}^+$ 满足双正交关系：

$$\left\langle \phi_{\lambda,m}^+,\chi F\phi_{\lambda,n}\right\rangle=\gamma_n\delta_{m,n}\qquad \begin{cases}\delta_{m,n}=1,(m=n)\\ \delta_{m,n}=0,(m\neq n)\end{cases} \tag{3-15}$$

式中：γ_n 为常数；$\delta_{m,n}$ 为 Dirac-delta 函数。

3.2.2 α 本征值问题

假设方程（3-11）、（3-12）的解可写成：

$$\phi(r,E,t)=\phi_\alpha(r,E)\mathrm{e}^{\alpha t} \tag{3-16}$$

$$C_i(r,t) = C_{\alpha,i}(r)\mathrm{e}^{\alpha t} \tag{3-17}$$

将方程（3-16）、方程（3-17）带入方程（3-11）、方程（3-12）后有：

$$\frac{\alpha}{v}\phi_\alpha = -L\phi_\alpha + (1-\beta)\chi_\mathrm{p}F\phi_\alpha + \sum_{i=1}^{6}\chi_{\mathrm{d},i}\lambda_i C_{\alpha,i} \tag{3-18}$$

$$\alpha C_{\alpha,i} = \beta_i F\phi_\alpha - \lambda_i C_{\alpha,i} \tag{3-19}$$

方程（3-18）、方程（3-19）也可写成：

$$\left[\frac{\alpha}{v}+L\right]\phi_\alpha = \left[(1-\beta)\chi_\mathrm{p} + \sum_{i=1}^{6}\chi_{i,\mathrm{d}}\frac{\lambda_i\beta_i}{\alpha+\lambda_i}\right]F\phi_\alpha \tag{3-20}$$

在 6 组缓发中子假设下，方程（3-20）也写成矩阵形式：

$$\alpha\begin{bmatrix} v^{-1} & & & & & & \\ & 1 & & & & & \\ & & 1 & & & & \\ & & & 1 & & & \\ & & & & 1 & & \\ & & & & & 1 & \\ & & & & & & 1 \end{bmatrix}\begin{bmatrix}\phi_\alpha \\ C_{\alpha,1} \\ C_{\alpha,2} \\ C_{\alpha,3} \\ C_{\alpha,4} \\ C_{\alpha,5} \\ C_{\alpha,6}\end{bmatrix} = \begin{bmatrix} (1-\beta)\chi_pF-L & \chi_{d,1}\lambda_1 & \chi_{d,2}\lambda_2 & \chi_{d,3}\lambda_3 & \chi_{d,4}\lambda_4 & \chi_{d,5}\lambda_5 & \chi_{d,6}\lambda_6 \\ \beta_1F & -\lambda_1 & & & & & \\ \beta_2F & & -\lambda_2 & & & & \\ \beta_3F & & & -\lambda_3 & & & \\ \beta_4F & & & & -\lambda_4 & & \\ \beta_5F & & & & & -\lambda_5 & \\ \beta_6F & & & & & & -\lambda_6 \end{bmatrix}\begin{bmatrix}\phi_\alpha \\ C_{\alpha,1} \\ C_{\alpha,2} \\ C_{\alpha,3} \\ C_{\alpha,4} \\ C_{\alpha,5} \\ C_{\alpha,6}\end{bmatrix} \tag{3-21}$$

方程（3-20）或方程（3-21）称为 α 本征值、周期本征值或自然本征值方程[6]，$[\phi_\alpha, C_{\alpha,1}, C_{\alpha,2}, \cdots, C_{\alpha,6}]^T$ 为对应的谐波。与 λ 本征值不同，α 本征值既可以为正实数（超临界系统），也可以为负实数（次临界系统），甚至可以为复数；同时 α 本征值并不一定是离散的，特别是在反应堆尺寸很小，或者中子飞行路径存在无限的情况（中子速度为零或某方向尺度无限大）。

而在实际的反应堆问题中，通常可以认为存在离散的实数本征值 $\alpha_1 > \alpha_2 > \cdots > \alpha_n$ 和对应的本征函数 $\phi_{\alpha,1}, \phi_{\alpha,2}, \cdots, \phi_{\alpha,n}$。其中最大的本征值 α_1 称为 α 基波本征值，对应的本征函数 $\phi_{\alpha,1}$ 称为 α 基波，它们表示反应堆非稳态中子注量率随时间变化的渐近分布。

此外，与 λ 基波本征值问题不同，对于非临界系统，α 本征值和 α 谐波是真实存在的可测量物理量。

与 λ 本征值方程类似，可定义方程（3-21）的共轭方程为：

$$\alpha\begin{bmatrix} v^{-1} & & & & & & \\ & 1 & & & & & \\ & & 1 & & & & \\ & & & 1 & & & \\ & & & & 1 & & \\ & & & & & 1 & \\ & & & & & & 1 \end{bmatrix}\begin{bmatrix} \phi_{\alpha}^{+} \\ C_{\alpha,1}^{+} \\ C_{\alpha,2}^{+} \\ C_{\alpha,3}^{+} \\ C_{\alpha,4}^{+} \\ C_{\alpha,5}^{+} \\ C_{\alpha6}^{+} \end{bmatrix}=$$

$$\begin{bmatrix} \left((1-\beta)\chi_{p}F-L\right)^{+} & \beta_{1}F^{+} & \beta_{2}F^{+} & \beta_{3}F^{+} & \beta_{4}F^{+} & \beta_{5}F^{+} & \beta_{6}F^{+} \\ \chi_{d,1}\lambda_{1} & -\lambda_{1} & & & & & \\ \chi_{d,2}\lambda_{2} & & -\lambda_{2} & & & & \\ \chi_{d,3}\lambda_{3} & & & -\lambda_{3} & & & \\ \chi_{d,4}\lambda_{4} & & & & -\lambda_{4} & & \\ \chi_{d,5}\lambda_{5} & & & & & -\lambda_{5} & \\ \chi_{d,6}\lambda_{6} & & & & & & -\lambda_{6} \end{bmatrix}\begin{bmatrix} \phi_{\alpha}^{+} \\ C_{\alpha,1}^{+} \\ C_{\alpha,2}^{+} \\ C_{\alpha,3}^{+} \\ C_{\alpha,4}^{+} \\ C_{\alpha,5}^{+} \\ C_{\alpha6}^{+} \end{bmatrix} \tag{3-22}$$

$\phi_{\alpha,n}$、$\phi_{\alpha,m}^{+}$ 满足双正交关系：

$$\left\langle \phi_{\alpha,m}^{+}, v^{-1}\phi_{\alpha,n} \right\rangle + \sum_{i=1}^{6}\left\langle C_{\alpha,i,m}^{+}, C_{\alpha,i,n} \right\rangle = \gamma_{n}\delta_{mn}, \quad \begin{cases} \delta_{mn}=1, m=n \\ \delta_{mn}=0, m\neq n \end{cases} \tag{3-23}$$

在方程（3-20）中，中子速度 v 通常数值比较大（以 0.025 3 eV 的中子为例，速度达到 2 200 m/s），而缓发中子先驱核衰变常数 λ_i 的数值通常比较小（相比于中子速度），因此，α 本征值问题可分成两大类型：

（1）瞬发 α 本征值问题

假设 $\alpha \gg \lambda_{i,\max}$，此时方程（3-20）右边括号中第二项约等于零，方程可简化为：

$$\left[\frac{\alpha_{\mathrm{p}}}{v}+L\right]\phi_{\alpha\mathrm{p}}=(1-\beta)\chi_{\mathrm{p}}F\phi_{\alpha\mathrm{p}} \tag{3-24}$$

式中：脚标 p 表示瞬发（prompt）；此时缓发中子不起作用，或仅仅构成本底（可看成不随时间变化）。

在很多情况下（如研究反应堆稳态特性），并不对缓发中子与瞬发中子加以区分，此时方程（3-20）又可以写成：

$$\left[\frac{\alpha_{\mathrm{p}}}{v}+L\right]\phi_{\alpha\mathrm{p}}=\chi F\phi_{\alpha\mathrm{p}} \tag{3-25}$$

方程（3-24）、方程（3-25）均可称为瞬发 α 本征值方程。可定义方程（3-24）、方程（3-25）的共轭方程分别为：

$$\left[\frac{\alpha_{\mathrm{p}}}{v}+L^{+}\right]\phi_{\alpha\mathrm{p}}^{+}=(1-\beta)\left[\chi_{\mathrm{p}}F\right]^{+}\phi_{\alpha\mathrm{p}}^{+} \tag{3-26}$$

$$\left[\frac{\alpha_{\mathrm{p}}}{v}+L^{+}\right]\phi_{\alpha\mathrm{p}}^{+}=\left[\chi F\right]^{+}\phi_{\alpha\mathrm{p}}^{+} \tag{3-27}$$

方程（3-24）、方程（3-25）和对应的共轭方程（3-26）、方程（3-27）的解满足双正交关系：

$$\left\langle \phi_{\alpha\mathrm{p},m}^{+}, v^{-1}\phi_{\alpha\mathrm{p},n}\right\rangle=\gamma_n\delta_{mn}, \quad \begin{cases}\delta_{m,n}=1, m=n\\ \delta_{m,n}=0, m=n\end{cases} \tag{3-28}$$

（2）缓发 α 本征值问题

假设$\alpha \sim \lambda_i$，此时方程（3-20）左边括号中第一项约等于零，方程可简化为：

$$L\phi_{\alpha\mathrm{d}}=\left[(1-\beta)\chi_{\mathrm{p}}+\sum_{i=1}^{6}\chi_{\mathrm{d},i}\frac{\lambda_i\beta_i}{\alpha_{\mathrm{d}}+\lambda_i}\right]F\phi_{\alpha\mathrm{d}} \tag{3-29}$$

方程（3-29）称为缓发 α 本征值方程，其中脚标 d 表示缓发（delayed）。事实上，方程（3-20）的本征值有两族，其中一族绝对值较小，等价于方程（3-29）的缓发 α 本征值；另一族绝对值较大，等价于方程（3-24）的瞬发 α 本征值。对于 ADS 次临界反应堆，我们关注的 α 本征值的绝对值总可以从小到大排列，并且在计算时一般也总是按照绝对值从小到大的顺序求解，因此对于缓发 α 本征值问题，可以认为方程（3-20）和方程（3-29）是等价的，即在实际应用时，通常求解的是方程（3-20）。

3.2.3 λ 与 α 本征值的关系

当反应堆恰好临界时，中子注量率不随时间变化，方程（3-13）中 $\lambda=1$，方程（3-20）中 $\alpha=0$，此时方程（3-13）和方程（3-20）的解相同。

若将方程（3-24）、方程（3-25）写成 λ 本征值方程形式：

$$L'\phi_{\lambda'}=\frac{1}{\lambda'}\chi'F\phi_{\lambda'} \tag{3-30}$$

对于方程（3-24）：

$$L'=\frac{\alpha_{\mathrm{p}}}{v}+L \tag{3-31}$$

$$\chi'=(1-\beta)\chi_{\mathrm{p}} \tag{3-32}$$

$$\lambda'=1 \tag{3-33}$$

对于方程（3-25）：

$$L'=\frac{\alpha_{\mathrm{p}}}{v}+L \tag{3-34}$$

$$\chi'=\chi \tag{3-35}$$

方程（3-30）表明，可将求解 α 本征值问题转化为求解 λ 本征值问题。以方程（3-25）所示的瞬发 α 本征值问题为例，可事先求解方程（3-13）所示的原 λ 本征值问题，并假设求解出的本征值为 λ_n（一般地，$\lambda_n \neq 1$），再通过在原 λ 本征值问题吸收截面中增加

α/v，得到新 λ 本征值问题，假设本征值为 λ'。通过调节 α 若恰好使得 $\lambda'_n=1$，则此时的 $\alpha=\alpha_{\mathrm{p},n}$，并且所求出的 n 阶新 λ 谐波 $\phi_{\lambda',n}=\phi_{\alpha\mathrm{p},n}$。这种方法即所谓的 $k-\alpha$ 方法，它被很多具有基波 α 本征值计算功能的临界计算程序所采用。

应该指出，一般情况下，λ 和 α 本征值问题并不存在简单的对应关系，同阶的谐波是不同的，这主要体现在 α 本征值问题中存在的时间吸收项 $\dfrac{\alpha}{v}$，即 α 本征值问题通过调节反应堆堆芯（活性区）和反射层的吸收截面使反应堆虚拟临界，而 λ 本征值问题仅通过调节堆芯的瞬发裂变中子数使反应堆虚拟临界。

3.3　ADS 次临界反应堆中子注量率的谐波展开理论

3.3.1　λ 谐波展开理论

由于 λ 本征值问题令反应堆虚拟临界时并不区分瞬发与缓发中子，因此 λ 谐波展开无法适用于考虑缓发中子效应的中子动力学。若不区分瞬发与缓发中子，ADS 次临界反应堆中子平衡方程可写成：

$$\frac{1}{v}\frac{\partial\phi}{\partial t}=-L\phi+\chi F\phi+Q \tag{3-36}$$

若假设 $\phi=\sum\limits_{n=1}^{\infty}A_n(t)\phi_{\lambda,n}$，$A_n(t)$ 为 n 阶 λ 谐波展开系数，并将其带入方程（3-36）后有：

$$\frac{1}{v}\sum_{n=1}^{\infty}\phi_{\lambda,n}\frac{\mathrm{d}A_n}{\mathrm{d}t}=-\sum_{n=1}^{\infty}A_n(t)L\phi_{\lambda,n}+\sum_{n=1}^{\infty}A_n(t)\chi F\phi_{\lambda,n}+Q \tag{3-37}$$

利用方程（3-13），方程（3-37）可写成：

$$\frac{1}{v}\sum_{n=1}^{\infty}\phi_{\lambda,n}\frac{\mathrm{d}A_n(t)}{\mathrm{d}t}=\sum_{n=1}^{\infty}A_n(t)\left(\frac{1}{\lambda_n}-1\right)\chi F\phi_{\lambda,n}+Q \tag{3-38}$$

用 $\phi^{+}_{\lambda,m}$ 乘以方程（3-38）两边，对能量、空间积分，并利用方程（3-15）所示的 λ 谐波与共轭 λ 谐波的双正交关系，可得：

$$\sum_{n=1}^{\infty}\left\langle\phi^{+}_{\lambda,m},v^{-1}\phi_{\lambda,n}\right\rangle\frac{\mathrm{d}A_n(t)}{\mathrm{d}t}=A_m(t)\left(\frac{1}{\lambda_m}-1\right)\gamma_m+\left\langle\phi^{+}_{\lambda,m},Q\right\rangle \tag{3-39}$$

方程（3-39）表明，在不区分瞬发、缓发中子的情况下，采用 λ 谐波进行 ADS 次临界反应堆非稳态中子注量率展开时，n 阶 λ 谐波的展开系数 $A_n(t)$ 由一系列耦合在一起的方程所决定，在展开阶数 n 确定时，需求解 n 个由方程（3-39）确定的方程组。同时，不同阶 λ 谐波的展开系数相互影响，随着展开阶数的增加，不同阶谐波的展开系数 $A_n(t)$ 是相互影响的。因此对于 ADS 次临界反应堆非稳态问题，λ 谐波展开的可扩展性变差，这与中子输运方程的球谐函数近似（P_{n}）方法有相似之处。

对于稳态外中子源驱动，ADS 次临界反应堆中子注量率不随时间变化，方程（3-39）

中 $A_n(t)$、$A_m(t)$ 为常数，即各阶 λ 谐波的展开系数 A_n 不随时间变化，根据方程（3-39）可得到稳态外中子源驱动时 ADS 次临界反应堆稳态中子注量率的 λ 谐波展开系数：

$$A_n = \frac{\left\langle \phi_{\lambda,n}^{+}, Q_0 \right\rangle}{\left(\dfrac{1}{\lambda_n} - 1\right)\gamma_n} \tag{3-40}$$

对应的 ADS 次临界反应堆稳态中注量率的 λ 谐波展开式为：

$$\phi_s = \sum_{n=1}^{\infty} \frac{\left\langle \phi_{\lambda,n}^{+}, Q_0 \right\rangle}{\left(\dfrac{1}{\lambda_n} - 1\right)\gamma_n} \phi_{\lambda,n} \tag{3-41}$$

3.3.2 α 谐波展开理论

考虑缓发中子时，ADS 次临界反应堆中子平衡方程可写成矩阵形式：

$$\frac{\partial}{\partial t}\begin{bmatrix} v^{-1} & & & & & & \\ & 1 & & & & & \\ & & 1 & & & & \\ & & & 1 & & & \\ & & & & 1 & & \\ & & & & & 1 & \\ & & & & & & 1 \end{bmatrix}\begin{bmatrix} \phi \\ C_1 \\ C_2 \\ C_3 \\ C_4 \\ C_5 \\ C_6 \end{bmatrix} =$$

$$\begin{bmatrix} (1-\beta)\chi_p F - L & \chi_{d,1}\lambda_1 & \chi_{d,2}\lambda_2 & \chi_{d,3}\lambda_3 & \chi_{d,4}\lambda_4 & \chi_{d,5}\lambda_5 & \chi_{d,6}\lambda_6 \\ \beta_1 F & -\lambda_1 & & & & & \\ \beta_2 F & & -\lambda_2 & & & & \\ \beta_3 F & & & -\lambda_3 & & & \\ \beta_4 F & & & & -\lambda_4 & & \\ \beta_5 F & & & & & -\lambda_5 & \\ \beta_6 F & & & & & & -\lambda_6 \end{bmatrix}\begin{bmatrix} \phi \\ C_1 \\ C_2 \\ C_3 \\ C_4 \\ C_5 \\ C_6 \end{bmatrix} + \begin{bmatrix} Q \\ 0 \\ 0 \\ 0 \\ 0 \\ 0 \\ 0 \end{bmatrix} \tag{3-42}$$

假设方程（3-42）的解可展开成：

$$\begin{bmatrix} \phi \\ C_1 \\ C_2 \\ C_3 \\ C_4 \\ C_5 \\ C_6 \end{bmatrix} = \sum_{n=1}^{\infty} B_n(t) \begin{bmatrix} \phi_{\alpha,n} \\ C_{\alpha,1,n} \\ C_{\alpha,2,n} \\ C_{\alpha,3,n} \\ C_{\alpha,4,n} \\ C_{\alpha,5,n} \\ C_{\alpha,6,n} \end{bmatrix} \tag{3-43}$$

并将其带入方程（3-42），利用方程（3-21），有：

$$\sum_{n=1}^{\infty}\frac{\mathrm{d}}{\mathrm{d}t}B_n(t)\begin{bmatrix} v^{-1} & & & & & & \\ & 1 & & & & & \\ & & 1 & & & & \\ & & & 1 & & & \\ & & & & 1 & & \\ & & & & & 1 & \\ & & & & & & 1 \end{bmatrix}\begin{bmatrix} \phi_{\alpha,n} \\ C_{\alpha,1,n} \\ C_{\alpha,2,n} \\ C_{\alpha,3,n} \\ C_{\alpha,4,n} \\ C_{\alpha,5,n} \\ C_{\alpha,6,n} \end{bmatrix} = \sum_{n=1}^{\infty}B_n(t)\alpha_n\begin{bmatrix} v^{-1} & & & & & & \\ & 1 & & & & & \\ & & 1 & & & & \\ & & & 1 & & & \\ & & & & 1 & & \\ & & & & & 1 & \\ & & & & & & 1 \end{bmatrix}\begin{bmatrix} \phi_{\alpha,n} \\ C_{\alpha,1,n} \\ C_{\alpha,2,n} \\ C_{\alpha,3,n} \\ C_{\alpha,4,n} \\ C_{\alpha,5,n} \\ C_{\alpha,6,n} \end{bmatrix} + \begin{bmatrix} Q \\ 0 \\ 0 \\ 0 \\ 0 \\ 0 \\ 0 \end{bmatrix} \tag{3-44}$$

两边乘以$\begin{bmatrix}\phi_{\alpha,m}^{+} & C_{\alpha,1,m}^{+} & C_{\alpha,2,m}^{+} & C_{\alpha,3,m}^{+} & C_{\alpha,4,m}^{+} & C_{\alpha,5,m}^{+} & C_{\alpha,6,m}^{+}\end{bmatrix}$，对能量和空间进行积分，并利用方程（3-23）所示的 α 谐波与共轭 α 谐波的双正交关系，可得：

$$\frac{\mathrm{d}B_n(t)}{\mathrm{d}t} = \alpha_n B_n(t) + \frac{1}{\gamma_n}\left\langle \phi_{\alpha,n}^{+}, Q\right\rangle \tag{3-45}$$

方程（3-45）表明，采用 α 谐波进行 ADS 次临界反应堆非稳态中子注量率展开时，展开系数 $B_n(t)$ 满足的方程是非耦合的，各阶 α 谐波展开系数可独立求解，即增加展开阶数时，仅需求解新增加 α 谐波的展开系数，已求出的 α 谐波展开系数维持不变，具有良好的可扩展性。

对于稳态外中子源驱动的 ADS 次临界反应堆，稳态中子注量率的 α 谐波展开系数为：

$$B_n = -\frac{1}{\alpha_n}\frac{1}{\gamma_n}\left\langle \phi_{\alpha,n}^{+}, Q_0\right\rangle \tag{3-46}$$

对应的 ADS 次临界反应稳态中注量率的 α 谐波展开式为：

$$\phi_s = \sum_{n=1}^{\infty} -\frac{1}{\alpha_n}\frac{1}{\gamma_n}\left\langle \phi_{\alpha,n}^{+}, Q_0\right\rangle \phi_{\alpha,n} \tag{3-47}$$

参考文献

[1] 王苏，沈峰. ADS 次临界反应堆的中子共轭方程［J］. 原子能科学技术，2011，45（7）：775−779.

[2] 沈峰，王苏. ADS 次临界反应堆的点堆中子动力学方程［J］. 原子能科学技术，2011，45（11）：1300−1304.

[3] 郭广水，于涛，夏普．启明星 1 号实验装置 k_s、k_{eff} 和 ϕ^* 的模拟计算［J］．原子能科学技术，2008，42（2）：185－188．
[4] 郭广水．外源对 ADS－启明星 1 号参数 k_s、k_{eff} 和 ϕ^* 及 ϕ 的影响研究［D］．南华大学，2009．
[5] 杜书华．输运问题的计算机模拟［M］．湖南科学技术出版社，1989．
[6] Bell G I and Glasstone S. Nuclear reactor theory[M]. Van Nostrand Reinhold Company, 1970.

第 4 章

中子扩散方程谐波计算方法

4.1 基波及其本征值计算的幂迭代算法

方程（3-13）、方程（3-21）、方程（3-24）、方程（3-25）均可写成标准的本征值形式：

$$Ax = \gamma x \tag{4-1}$$

式中：γ 为本征值；x 为对应的本征函数（或称为本征向量、谐波）。

在多群形式下，对于方程（3-13）：

$$A = L^{-1}\chi F \tag{4-2}$$

$$\gamma = \lambda \tag{4-3}$$

$$x = [\phi_1, \phi_2, \cdots, \phi_G]_\lambda^{\mathrm{T}} \tag{4-4}$$

式中：G 为总能群数量。

对于方程（3-21）：

$$A = \begin{bmatrix} (1-\beta)\chi_p F - L & \chi_{d,1}\lambda_1 & \chi_{d,2}\lambda_2 & \chi_{d,3}\lambda_3 & \chi_{d,4}\lambda_4 & \chi_{d,5}\lambda_5 & \chi_{d,6}\lambda_6 \\ \beta_1 F & -\lambda_1 & & & & & \\ \beta_2 F & & -\lambda_2 & & & & \\ \beta_3 F & & & -\lambda_3 & & & \\ \beta_4 F & & & & -\lambda_4 & & \\ \beta_5 F & & & & & -\lambda_5 & \\ \beta_6 F & & & & & & -\lambda_6 \end{bmatrix}^{-1} \cdot \begin{bmatrix} v^{-1} & & & & & & \\ & 1 & & & & & \\ & & 1 & & & & \\ & & & 1 & & & \\ & & & & 1 & & \\ & & & & & 1 & \\ & & & & & & 1 \end{bmatrix} \tag{4-5}$$

$$\gamma = 1/\alpha \tag{4-6}$$

$$x = [\phi_1, \phi_2, \cdots, \phi_G, C_1, C_2, \cdots, C_6]_\alpha^{\mathrm{T}} \tag{4-7}$$

对于方程（3-24）：

$$A=[(1-\beta)\chi_{\mathrm{p}}F-L]^{-1}v^{-1} \tag{4-8}$$

$$\gamma=1/\alpha \tag{4-9}$$

$$x=[\phi_1,\phi_2,\cdots,\phi_G]_{\alpha\mathrm{p}}^{\mathrm{T}} \tag{4-10}$$

对于方程（3-25）：

$$A=[\chi F-L]^{-1}v^{-1} \tag{4-11}$$

$$\gamma=1/\alpha \tag{4-12}$$

$$x=[\phi_1,\phi_2,\cdots,\phi_G]_{\alpha\mathrm{p}}^{\mathrm{T}} \tag{4-13}$$

幂迭代（或称源迭代）算法[1]是在反应堆物理数值计算中广泛应用的方法，常用于 λ 基波本征值（k_{eff}）问题的的计算。

幂迭代算法首先假设一个本征向量的任意初始猜想值 $x^{(0)}$，并逐次迭代计算 $Ax^{(0)}=x^{(1)}$，$Ax^{(1)}=A^2x^{(0)}=x^{(2)}$，…，$Ax^{(m-1)}=A^mx^{(0)}=x^{(m)}\cdots$。随迭代次数增加，$\|Ax\|/\|x\|$ 将逐渐收敛到基波本征值。假设第 m 次迭代后 $\gamma^{(m)}$ 和 $\gamma^{(m-1)}$ 的相对误差满足收敛准则，幂迭代方法将给出基波本征值 γ_1 的最终估计值为：

$$\gamma_1\cong\frac{\left\|Ax^{(m-1)}\right\|}{\left\|x^{(m-1)}\right\|}=\frac{\left\|A^mx^{(0)}\right\|}{\left\|A^{m-1}x^{(0)}\right\|} \tag{4-14}$$

式中：$\|\ \|$ 为向量的 2 范数（欧几里得范数）。最终的基波近似解为 $x^{(m)}$。

设方程（4-1）存在本征值 $\gamma_1>\gamma_2>\cdots>\gamma_m\cdots$，则对应的本征向量为 $\hat{x}_1,\hat{x}_2,\cdots,\hat{x}_m,\cdots$，它们线性无关且正交。因此，可以将任意的初始猜想向量 $x^{(0)}$ 展开为：

$$x^{(0)}=a_1\hat{x}_1+a_2\hat{x}_2+\cdots+a_n\hat{x}_n+\cdots \tag{4-15}$$

由于本征向量的正交性，因此展开系数：

$$a_n=\frac{\left\langle\hat{x}_n,x^{(0)}\right\rangle}{\left\langle\hat{x}_n,\hat{x}_n\right\rangle} \tag{4-16}$$

对于第 m 次幂迭代有：

$$\begin{aligned}x^{(m)}=A^mx^{(0)}=a_1A^m\hat{x}_1+a_2A^m\hat{x}_2+\cdots+a_nA^m\hat{x}_n+\cdots=\\a_1\lambda_1^m\hat{x}_1+a_2\lambda_2^m\hat{x}_2+\cdots+a_n\lambda_n^m\hat{x}_n+\cdots=\\\lambda_1^m\left[a_1\hat{x}_1+a_2\left(\frac{\lambda_2}{\lambda_1}\right)^m\hat{x}_2+\cdots+a_n\left(\frac{\lambda_n}{\lambda_1}\right)^m\hat{x}_n+\cdots\right]\propto\hat{x}_1\end{aligned} \tag{4-17}$$

因此，从方程（4-17）可知，随着幂迭代次数的增加，$x^{(m)}$ 将逐渐趋近于基波本征向量 $\hat{x}_1$，而其他本征向量在 $x^{(m)}$ 中所占的份额将不断减小。因此，幂迭代算法只能给出基波本征值和本征向量的近似结果，并且收敛速度受到 $|\gamma_2|/|\gamma_1|$ 的影响。当 γ_1 和 γ_2 相差较大时，幂迭代算法收敛速度较快；反之若 γ_1 和 γ_2 相差很小，幂迭代算法收敛速度很慢。

4.2 高阶谐波及其本征值计算方法

4.2.1 带源修正的幂迭代算法

带源修正的幂迭代算法[2]在计算完基波本征值 γ_1 的基础上，通过在后续逐次的幂迭代中扣除已经求解出的低阶谐波，逐次计算出高阶谐波及其本征值。对于求解第 n 阶谐波，此时 1～（n-1）阶谐波及其本征值已经求出，可利用谐波的正交性将 1～（n-1）阶谐波在初始猜想迭代向量 $x^{(0)}$ 中扣除掉，如方程（4-18）所示。

$$x_n^{(0)} = x^{(0)} - a_1\hat{x}_1 - a_2\hat{x}_2 \cdots - a_{n-1}\hat{x}_{n-1} = a_n\hat{x}_n + a_{n+1}\hat{x}_{n+1} + \cdots \tag{4-18}$$

将方程（4-18）中扣除 1～（n-1）阶谐波后的 $x_n^{(0)}$ 作为求解第 n 阶谐波及其本征值的幂迭代初始向量，假设第 m 次迭代后 $\gamma_n^{(m)}$ 和 $\gamma_n^{(m-1)}$ 的相对误差满足收敛准则，带源修正的幂迭代算法将给出 n 阶谐波本征值 γ_n 的最终估计值为：

$$\gamma_n \cong \gamma_n^{(m)} = \frac{\left\| A^m x_n^{(0)} \right\|}{\left\| A^{m-1} x_n^{(0)} \right\|} \tag{4-19}$$

对于实际的中子扩散方程本征值问题，带源修正的幂迭代算法是通过谐波与共轭谐波的双正交关系实现低阶谐波扣除的。

4.2.2 Meyer 子空间迭代算法

Meyer 子空间迭代算法计算高阶谐波及其本征值的步骤如下[3]：

1）选取 p 个线性无关向量 $X_p^{(m)} = \left[x_1^{(m)}, x_2^{(m)}, \cdots, x_p^{(m)}\right]$，上标 m 表示 Meyer 子空间迭代次数，要求 p 大于所需要求解的谐波阶数 n；

2）$m=1$，计算 $AX_p^{(m)}$；

3）计算数值 $C = [AX_p^{(m)}]^T[AX_p^{(m)}]$；

4）计算本征值问题 $CY = \varDelta Y$，其中 Y 为本征向量，$\varDelta$ 为本征值对角矩阵；

5）计算 $T = Y(\varDelta)^{-1/2}$；

6）计算 $X_p^{(m+1)} = [AX_p^{(m)}]T$，回到步骤（2），设 $m=K$ 后，步骤（4）$\varDelta$ 收敛；

7）计算 $B = [X_p^{(K)}]^T AX_p^{(K)}$；

8）计算本征值问题 $BU = \varLambda U$，其中矩阵 $\varLambda$ 对角线元素为方程（4-1）的本征值；

9）方程（4-1）的本征向量为 $AX_p^{(K)} \bullet U$。

4.2.3 隐式重启动 Arnoldi 迭代算法（IRAM）

Arnoldi 迭代算法属于一种 Krylov 子空间迭代方法，是一种投影算法。通过构建 p 维的 Krylov 子空间（p 远小于方程（4-1）矩阵 A 的维度），并在子空间中寻找方程（4-1）的近似本征值和本征向量。Krylov 子空间方法首先通过计算一个较易求解的低维矩阵的本征值问题，然后再得出原始高维矩阵 A 的本征值和本征向量。Arnoldi 算法具体步骤如下：

1）对于初始猜想向量 $x^{(0)}$，采用改进的 Gram-Schmidt 正交化方法建立 p 维 Krylov 子空间 $K_p(A,x_0)=\text{span}\{x_0,Ax_0,A^2x_0,\cdots,A^{p-1}x_0\}$ 上的正交基 $V_p=[v_1,v_2,\cdots,v_p]$，从数学上可以证明 $x_0,Ax_0,A^2x_0,\cdots A^{p-1}x_0$ 是线性无关的（但不一定正交）。

求 V_p 中第 m 个正交基向量 v_m 的公式为：

$$v_m=\frac{Av_{m-1}-\sum_{l=1}^{m-1}\langle Av_{m-1},v_l\rangle v_l}{\|v_m\|} \tag{4-20}$$

按 $m=1$，2，…的顺序计算 v_m 的改进的 Gram-Schmidt 正交化过程（也称为 Arnoldi 过程）可写成矩阵形式：

$$AV_m=V_mH_m+h_{m+1,m}\mathrm{e}^{\mathrm{T}}v_{m+1} \tag{4-21}$$

式中：$\mathrm{e}^{\mathrm{T}}=[0,0,0,\cdots,0,1]_{1\times m}$；$H_m$ 为 Up-Heisenberg 矩阵；第 i 行，第 j 列的元素为：

$$h_{i,j}=\begin{cases}\langle Av_j,v_i\rangle & j\geqslant i\\ \|v_{i+1}\| & i=j+1\end{cases} \tag{4-22}$$

当 $m=p$ 时，$h_{m+1,m}=0$，Arnoldi 过程结束，此时：

$$AV_p=V_pH_p \tag{4-23}$$

2）计算 Up-Heisenberg 矩阵 H_p 的本征值问题 $H_py=\gamma y$，其中 y 为本征向量，可以证明 γ 就是方程（4-1）的本征值；

3）计算 $[x]_{N\times p}=[V_p]_{N\times p}\cdot[y]_{p\times p}$，可以证明 $[x]_{N\times p}$ 的 p 个列向量就是方程（4-1）的前 p 个本征向量。

上述的 Arnoldi 过程在 p 值很大时，需要大量的内存存储正交基 V_p；随着 p 的增大，在构造正交基的过程中，可能由于舍入误差，导致 V_p 各向量之间难以保证严格的正交性。当 V_p 缺乏正交性时，虽然 Arnoldi 算法可以执行，但有可能会导致计算结果的错误，比如矩阵 A 的本征向量的丢失和奇异本征向量的出现。隐式重启动 Arnoldi 算法（IRAM）在 p 步正交化过程后重新启动，更新初始向量，使其在不感兴趣的本征向量方向上的投影最小化，从而保证求解得到是感兴趣的本征向量。

4.2.4 几种谐波计算方法的比较分析

带源修正的幂迭代算法是最早出现的中子扩散方程本征值问题高阶谐波计算方法，原理清晰、简单，易于利用已有成熟的堆芯计算程序实现，但该方法需要在第 n 阶谐波计算前事先计算出第（n-1）阶谐波与共轭谐波，并将第 1～（n-1）阶谐波与共轭共轭谐波存储，用于扣除计算，计算量较大；并且带源修正的幂迭代算法要保证不漏解本征向量，必须要初始迭代向量 $x^{(0)}$ 在各感兴趣本征向量方向均有非零的投影，这对初始迭代向量的选取提出了较严格的要求，若初始迭代向量选取不当，极有可能出现本征值漏解的情况；此外带源修正的幂迭代方法无法处理重根本征值问题，即多个相同的本征值对应不同的本征向量。

与带源修正的幂迭代算法相比，Meyer 子空间迭代算法和 IRAM 迭代算法不需要进行共轭计算。从计算流程看 Meyer 子空间迭代算法可同时求出所需的各阶谐波，具有天然的可并行特性，但计算流程比 IRAM 迭代算法复杂。与带源修正的幂迭代算法类似，由于未采用重启动过程，Meyer 子空间迭代算法需要初始迭代向量 $x^{(0)}$ 在感兴趣向量方向均有非零的投影，而 IRAM 迭代算法通过重启动，确保了初始迭代向量 $x^{(0)}$ 在感兴趣向量方向均有非零的投影，可保证不漏解谐波及本征值。

Gupta 等在研究中同时发现原因不明的 Meyer 子空间迭代算法收敛问题，即随着迭代次数的增加并无法确保收敛残差进一步减小；József Kópházi[4]的研究表明 Meyer 子空间迭代算法的内存开销比 IRAM 迭代算法小，但 IRAM 迭代算法的速度更快（基于串行计算）。

参考文献

［1］谢仲生，邓力. 中子输运理论数值计算方法［M］. 西北工业大学出版社，2005.

［2］李富，胡永明，罗征培. 反应堆中子方程的高阶谐波［J］. 核科学与工程，1996，16（2）：127－132.

［3］A. Gupta，R.S. Modak. Evaluation of dominant time-eigenvalues of neutron transport equation by Meyer's sub-space iterations［J］. Annals of Nuclear Energy，2011，38：1680－1686.

［4］József Kópházi，Danny Lathouwers. Three-dimensional transport calculation of multiple alpha modes in subcritical systems［J］. Annals of Nuclear Energy，2012，50：167－174.

第 5 章

谐波计算程序 HARMONY 编制与基准验证

5.1 IRAM 算法数学程序包 ARPACK

5.1.1 ARPACK 的编译

作为一种较为成熟的大型矩阵本征值问题计算方法，IRAM 迭代算法已经被编写成标准的数学软件包。本书采用美国 RICE 大学计算与应用数学系开发的 ARPACK 数学程序包[1]（http://www.caam.rice.edu/software/ARPACK/）实现 IRAM 迭代算法，其源文件内容如图 5-1 所示。

图 5-1　ARPACK 数学软件包文件结构

ARPACK 基于 IRAM 和隐式重启动 Lanczos 迭代算法（IRLM），特别适用于大规模稀疏矩阵和结构矩阵的本征值问题，可处理的矩阵类型包括：实对称矩阵、实非对称矩阵和复矩阵。

在 ARPACK 文件夹中，BLAS 为基础线性代数子程序包；LAPACK 为线性代数程序包；SRC 为 ARPACK 算法源文件；UTIL 为 ARPACK 功能模块源文件；ARMAKE 包含了不同计算机平台下编译 ARPACK 的脚本文件模板；ARmake.inc 为 Makefile 的头文件，包含了编译执行过程中所需的编译器类型和计算机平台等信息；Makefile 为编译 ARPACK 的脚本文件；README 为说明文件。

ARPACK 的默认安装环境为 Unix 或 Linux，在上述环境下只需要在操作系统命令终端中执行 Makefile 就可以完成编译安装。本书工作是在 Windows 平台 Compaq Visual Fortran6.5（CVF 6.5）集成开发环境下完成的，因此编译的时候并不需要 ARmake.inc 和 Makefile 文件。

将 ARPACK 数学软件包编译成 FORTRAN 静态链接库（Static Library）ARPACK.lib，可用于本书谐波计算程序 HARMONY 调用。

5.1.2 ARPACK 的调用

ARPACK 基于“反向通信接口（Reverse Communication Interface）”，采用驱动程序（Driver Program）实现计算功能，只需要在驱动程序中提供方程（4-1）中 Ax 的计算方式即可。由于中子扩散方程 λ 和 α 本征值问题经多群近似和空间离散后，变为大型实矩阵本征值问题，因此本书中 HARMONY 程序通过调用 ARPACK 程序包双精度非对称实矩阵计算流程 dnaupd 实现谐波计算。

5.2 HARMONY 程序固定源问题的内迭代计算

在谐波计算程序 HARMONY 中，由于 ARPACK 程序包需要提供方程（4-1）中 Ax 的计算方式，将中子扩散方程本征值问题写成标准形式方程（4-1）时，由于涉及大型稀疏矩阵 L 的求逆，因而矩阵 A 通常是大型稠密矩阵，若直接计算 Ax 将导致计算困难，并且无法利用矩阵 L 的稀疏特性。因此，一般并不直接显式地计算 Ax，而是将其转化为求解固定源问题。假设 $Ax = w$，采用 $A^{-1}w = x$ 的方式计算 w，由于 x 是已知的，因此对于实际的中子扩散方程本征值问题，w 的计算可看成是固定源问题计算。

对于 λ、缓发 α、瞬发 α 本征值问题所对应的矩阵 A 的标准表达式（4-2）、表达式（4-5）、表达式（4-8）、表达式（4-11），对应的固定源问题分别为：

$$Lw = \underbrace{\chi F x}_{S} \tag{5-1}$$

$$\begin{bmatrix} (1-\beta)\chi_p F - L & \chi_{d,1}\lambda_1 & \chi_{d,2}\lambda_2 & \chi_{d,3}\lambda_3 & \chi_{d,4}\lambda_4 & \chi_{d,5}\lambda_5 & \chi_{d,6}\lambda_6 \\ \beta_1 F & -\lambda_1 & & & & & \\ \beta_2 F & & -\lambda_2 & & & & \\ \beta_3 F & & & -\lambda_3 & & & \\ \beta_4 F & & & & -\lambda_4 & & \\ \beta_5 F & & & & & -\lambda_5 & \\ \beta_6 F & & & & & & -\lambda_6 \end{bmatrix} w = \underbrace{\begin{bmatrix} v^{-1} & & & & & & \\ & 1 & & & & & \\ & & 1 & & & & \\ & & & 1 & & & \\ & & & & 1 & & \\ & & & & & 1 & \\ & & & & & & 1 \end{bmatrix} x}_{S} \tag{5-2}$$

$$[(1-\beta)\chi_p F - L]w = \underbrace{v^{-1}x}_{S} \tag{5-3}$$

$$[\chi F - L]w = \underbrace{v^{-1}x}_{S} \tag{5-4}$$

式中：S 为固定源；在多群形式下，对于方程（5-1）、方程（5-3）、方程（5-4）：

$$w = [\phi_1, \phi_2, \cdots, \phi_G]^{\mathrm{T}} \tag{5-5}$$

对于方程（5-2）：

$$w = [\phi_1, \phi_2, \cdots, \phi_G, C_1, C_2, \cdots, C_6]^{\mathrm{T}} \tag{5-6}$$

在 6 组缓发中子情况下，假设反应堆空间离散网格数量为 N，能群数量为 G，对于方程(5-1)、方程(5-3)、方程(5-4)，x 和 w 为 $N\times G$ 行列向量，x 和 w 前面的矩阵为 $(N\times G)^2$ 个元素的方阵；对于方程（5-2），x 和 w 为 $(N+6)\times G$ 行列向量，x 和 w 前面的矩阵为 $((N+6)\times G)^2$ 个元素的方阵。在多群近似和空间离散后，可将方程（5-1）、方程（5-2）、方程（5-3）、方程（5-4）转化为大型矩阵的计算，通常可采用迭代方法计算出 w。相比 IRAM 算法中的 Arnoldi 过程，求解固定源问题 $A^{-1}w = x$ 可称为内迭代计算。

5.2.1 一维 *X* 几何

一维 X 几何空间变量离散如图 5-2 所示，对方程（5-1）、方程（5-3）、方程（5-2）左边采用中心点有限差分，在 $[x(i-1/2), x(i+/2)]$ 间进行积分，并利用网格界面 $x(i-1/2)$ 和 $x(i+1/2)$ 上中子流连续的条件，可得到一维 X 几何 λ、瞬发 α、缓发 α 本征值问题中子注量率迭代（内迭代）方程组（5-7）、方程组（5-8）、方程组（5-9）：

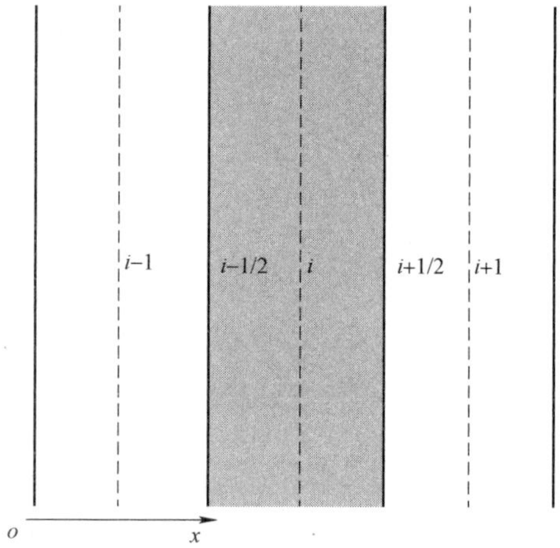

图 5-2 一维 X 几何空间离散示意图

$$\begin{aligned}&a_g(i)\phi_{g,m}(i-1) + b_g(i)\phi_{g,m}(i) + c_g(i)\phi_{g,m}(i+1) - SS_{g,m}(i) = FS_{g,m-1}(i)\\&g = 1, 2, \cdots, G;\\&i = 1, 2, \cdots, NX\end{aligned} \tag{5-7}$$

$$\begin{aligned}&-a_g(i)\phi_{g,m}(i-1) - b_{g,i}\phi_{g,m}(i) - c_g(i)\phi_{g,m}(i+1) + PFS_{g,m}(i) + SS_{g,m}(i) = AS_{g,m-1}(i)\\&g = 1, 2, \cdots, G;\\&i = 1, 2, \cdots, NX\end{aligned} \tag{5-8}$$

$$\begin{aligned}&-a_g(i)\phi_{g,m}(i-1) - b_{g,i}\phi_{g,m}(i) - c_g(i)\phi_{g,m}(i+1) + PFS_{g,m}(i) + SS_{g,m}(i) +\\&DNS_{g,m}(i) = AS_{g,m-1}(i)\\&g = 1, 2, \cdots, G;\\&i = 1, 2, \cdots, NX\end{aligned} \tag{5-9}$$

式中：方程（5-7）、方程（5-8）、方程（5-9）中 FS 表示裂变源项；PFS 表示瞬发裂变源项；SS 表示散射源项；AS 表示 α 本征值计算所需源项；DNS 表示缓发中子源项。

上述方程可写成超松弛迭代（SOR）格式为：

$$\phi_{g,m}^{(K)}=\frac{\omega}{b_g(i)}[FS_{g,m-1}(i)+SS_{g,m}^{(K-1)}(i)-a_g(i)\phi_{g,m}^{(K)}(i-1)-c_g(i)\phi_{g,m}^{(K-1)}(i+1)]+ (1-\omega)\phi_{g,m}^{(K-1)} \tag{5-10}$$

$$\phi_{g,m}^{(K)}(i)=\frac{\omega}{-b_g(i)}\begin{bmatrix}AS_{g,m-1}(i)-PFS_{g,m}^{(K-1)}(i)-SS_{g,m}^{(K-1)}(i)\\ +a_g(i)\phi_{g,m}^{(K)}(i-1)+c_g(i)\phi_{g,m}^{(K-1)}(i+1)\end{bmatrix}+(1-\omega)\phi_{g,m}^{(K-1)}(i) \tag{5-11}$$

$$\phi_{g,m}^{(K)}(i)=\frac{\omega}{-b_g(i)}\begin{bmatrix}AS_{g,m-1}(i)-PFS_{g,m}^{(K-1)}(i)-SS_{g,m}^{(K-1)}(i)-DNS_{g,m}^{(K-1)}\\ +a_g(i)\phi_{g,m}^{(K)}(i-1)+c_g(i)\phi_{g,m}^{(K-1)}(i+1)\end{bmatrix}+ (1-\omega)\phi_{g,m}^{(K-1)}(i) \tag{5-12}$$

式中：上标 K 为内迭代次数标识；m 为 Arnoldi 迭代次数（外迭代）标识；ω 为超松弛因子。

方程（5-10）、方程（5-11）、方程（5-12）中：

$$a_g(i)=-\frac{2D_g(i-1)D_g(i)}{D_g(i-1)\Delta x(i)+D_g(i)\Delta x(i-1)} \tag{5-13}$$

$$b_g(i)=\Sigma_{t,g}(i)\Delta x(i)-a_g(i)-c_g(i) \tag{5-14}$$

$$c_g(i)=-\frac{2D_g(i)D_g(i+1)}{D_g(i)\Delta x(i+1)+D_g(i+1)\Delta x(i)} \tag{5-15}$$

$$FS_g(i)=\chi_g(i)\sum_{g'=1}^{G}(\upsilon\Sigma_f)_{g'}(i)\bullet\phi_{g',m-1}(i)\Delta x(i) \tag{5-16}$$

$$SS_{g,m}(i)=\sum_{g'=1}^{G}\Sigma_{g'\to g}(i)\bullet\phi_{g',m}(i)\Delta x(i) \tag{5-17}$$

$$PFS_{g,m}(i)=(1-\beta(i))\chi_{p,g}(i)\sum_{g'=1}^{G}(\upsilon\Sigma_f)_{g'}(i)\phi_{g',m}(i)\Delta x(i) \tag{5-18}$$

$$AS_{g,m-1}(i)=\frac{1}{v_g}\phi_{g,m-1}(i)\Delta x(i) \tag{5-19}$$

$$DNS_{g,m}^{(K-1)}(i)=\sum_{l=1}^{6}\chi_{d,l,g}(i)\lambda_l(i)C_{l,m}^{(k-1)}(i)\bullet\Delta x(i) \tag{5-20}$$

$$C_{l,m}^{(K-1)}(i)=\frac{\beta_l(i)\bullet\sum_{g'=1}^{G}(\upsilon\Sigma_f)_{g'}(i)\phi_{g',m}^{(K-1)}(i)-C_{l,m-1}(i)}{\lambda_l(i)} \tag{5-21}$$

在外边界处，利用中子注量率为零的边界条件，有：

$$a_g(i_B^-)=-\frac{2D_g(i_B^-)}{\Delta x(i_B^-)},\ \phi_g(i_B^- -1)=0 \tag{5-22}$$

$$c_g(i_B^+)=-\frac{2D_g(i_B^+)}{\Delta x(i_B^+)},\ \phi_g(i_B^+ +1)=0 \tag{5-23}$$

5.2.2 二维 *XY* 几何

二维 *XY* 几何空间变量离散如图 5-3 所示，采用中心点有限差分，对方程（5-1）、方程（5-3）、方程（5-2）在$[x(i-1/2),x(i+/2)]$、$[y(j-1/2),y(j+/2)]$围成的区间进行积分，并利用网格界面$x(i-1/2)$、$x(i+1/2)$、$y(j-1/2)$、$y(j+1/2)$上中子流连续的条件，可得到二维 XY 几何 λ、瞬发 α、缓发 α 本征值问题中子注量率迭代（内迭代）方程组（5-24）、方程组（5-25）、方程组（5-26）：

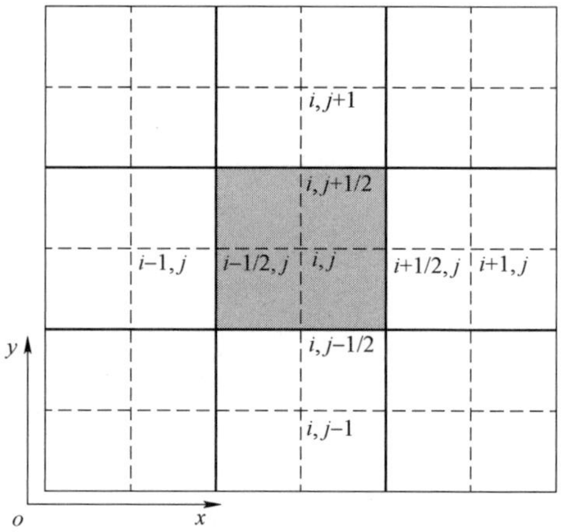

图 5-3 二维 *XY* 几何空间离散示意图

$$
\begin{aligned}
& a_g(i,j)\phi_{g,m}(i,j-1)+b_g(i,j)\phi_{g,m}(i-1,j)+c_g(i,j)\phi_{g,m}(i,j)+ \\
& e_g(i,j)\phi_{g,m}(i+1,j)+f_g(i,j)\phi_{g,m}(i,j+1)-SS_{g,m}(i,j)=FS_{g,m-1}(i,j) \\
& g=1,2,\cdots,G; \\
& i=1,2,\cdots,NX; \\
& j=1,2,\cdots,NY
\end{aligned} \tag{5-24}
$$

$$
\begin{aligned}
& -a_g(i,j)\phi_{g,m}(i,j-1)-b_g(i,j)\phi_{g,m}(i-1,j)-c_g(i,j)\phi_{g,m}(i,j)- \\
& e_g(i,j)\phi_{g,m}(i+1,j)-f_g(i,j)\phi_{g,m}(i,j+1)+PFS_{g,m}(i,j)+SS_{g,m}(i,j)= \\
& AS_{g,m-1}(i,j) \\
& g=1,2,\cdots,G; \\
& i=1,2,\cdots,NX; \\
& j=1,2,\cdots,NY
\end{aligned} \tag{5-25}
$$

$$
\begin{aligned}
& -a_g(i,j)\phi_{g,m}(i,j-1)-b_g(i,j)\phi_{g,m}(i-1,j)-c_g(i,j)\phi_{g,m}(i,j)- \\
& e_g(i,j)\phi_{g,m}(i+1,j)-f_g(i,j)\phi_{g,m}(i,j+1)+PFS_{g,m}(i,j)+SS_{g,m}(i,j)+ \\
& DN_{g,m}(i,j)=AS_{g,m-1}(i,j) \\
& g=1,2,\cdots,G; \\
& i=1,2,\cdots,NX; \\
& j=1,2,\cdots,NY
\end{aligned} \tag{5-26}
$$

写成 SOR 迭代格式为：

$$
\phi_{g,m}^{(K)}(i,j)=\frac{\omega}{c_g(i,j)}\begin{bmatrix} FS_{g,m-1}(i,j)+SS_{g,m}^{(K-1)}(i,j)-a_g(i,j)\phi_{g,m}^{(K)}(i,j-1) \\ -b_g(i,j)\phi_{g,m}^{(K)}(i-1,j)-e_g(i,j)\phi_{g,m}^{(K-1)}(i+1,j) \\ -f_g(i,j)\phi_{g,m}^{(K-1)}(i,j+1) \end{bmatrix}+ \\
(1-\omega)\phi_{g,m}^{(K-1)}(i,j) \tag{5-27}
$$

$$\phi_{g,m}^{(K)}(i,j)=\frac{\omega}{-c_g(i)}\begin{bmatrix}AS_{g,m-1}(i,j)-PFS_{g,m}^{(K-1)}(i,j)-SS_{g,m}^{(K-1)}(i,j)\\+a_g(i,j)\phi_{g,m}^{(K)}(i,j-1)+b_g(i,j)\phi_{g,m}^{(K)}(i-1,j)\\+e_g(i,j)\phi_{g,m}^{(K-1)}(i+1,j)+f_g(i,j)\phi_{g,m}^{(K-1)}(i,j+1)\end{bmatrix}+(1-\omega)\phi_{g,m}^{(K-1)}(i,j) \tag{5-28}$$

$$\phi_{g,m}^{(K)}(i,j)=\frac{\omega}{-c_g(i)}\begin{bmatrix}AS_{g,m-1}(i,j)-PFS_{g,m}^{(K-1)}(i,j)-SS_{g,m}^{(K-1)}(i,j)\\-DN_{g,m}^{(K-1)}(i,j)+a_g(i,j)\phi_{g,m}^{(K)}(i,j-1)\\+b_g(i,j)\phi_{g,m}^{(K)}(i-1,j)+e_g(i,j)\phi_{g,m}^{(K-1)}(i+1,j)\\+f_g(i,j)\phi_{g,m}^{(K-1)}(i,j+1)\end{bmatrix}+(1-\omega)\phi_{g,m}^{(K-1)}(i,j) \tag{5-29}$$

方程（5-27）、方程（5-28）、方程（5-29）中：

$$a_g(i,j)=-\frac{2D_g(i,j-1)D_g(i,j)}{D_g(i,j-1)\Delta y(j)+D_g(i,j)\Delta y(j-1)}\Delta x(i) \tag{5-30}$$

$$b_g(i,j)=-\frac{2D_g(i-1,j)D_g(i,j)}{D_g(i-1,j)\Delta x(i)+D_g(i,j)\Delta x(i-1)}\Delta y(j) \tag{5-31}$$

$$e_g(i,j)=-\frac{2D_g(i,j)D_g(i+1,j)}{D_g(i,j)\Delta x(i+1)+D_g(i+1,j)\Delta x(i)}\Delta y(j) \tag{5-32}$$

$$f_g(i,j)=-\frac{2D_g(i,j)D_g(i,j+1)}{D_g(i,j)\Delta y(j+1)+D_g(i,j+1)\Delta y(j)}\Delta x(i) \tag{5-33}$$

$$c_g(i,j)=\Sigma_{t,g}(i,j)\Delta x(i)\Delta y(j)-a_g(i,j)-b_g(i,j)-e_g(i,j)-f_g(i,j) \tag{5-34}$$

$$FS_{g,m-1}(i,j)=\chi_g(i,j)\sum_{g'=1}^{G}(\upsilon\Sigma_f)_{g'}(i,j)\bullet\phi_{g',m-1}(i,j)\Delta x(i)\Delta y(j) \tag{5-35}$$

$$SS_{g,m}(i,j)=\sum_{g'=1}^{G}\Sigma_{g'\to g}(i,j)\bullet\Delta x(i)\Delta y(j)\phi_{g',m}(i,j) \tag{5-36}$$

$$PFS_{g,m}(i,j)=\chi_{p,g}(i,j)[1-\beta(i,j)]\sum_{g'=1}^{G}(\upsilon\Sigma_f)_{g'}(i,j)\Delta x(i)\Delta y(j)\phi_{g',m}(i,j) \tag{5-37}$$

$$AS_{g,m-1}(i,j)=\frac{1}{v_g}\Delta x(i)\Delta y(j)\phi_{g,m-1}(i,j) \tag{5-38}$$

$$DNS_{g,m}^{(K-1)}(i,j)=\sum_{l=1}^{6}\chi_{d,l,g}(i,j)\lambda_l(i,j)C_{l,m}^{(K-1)}(i,j)\bullet\Delta x(i)\Delta y(j) \tag{5-39}$$

$$C_{l,m}^{(K-1)}(i,j)=\frac{\beta_l(i,j)\bullet\sum_{g'=1}^{G}(\upsilon\Sigma_f)_{g'}(i,j)\phi_{g',m}^{(K-1)}(i,j)-C_{l,m-1}(i,j)}{\lambda_l(i,j)} \tag{5-40}$$

在外边界处，利用中子注量率为零的边界条件有：

$$a_g(i,j_B^-)=-\frac{2D_g(i,j_B^-)}{\Delta y(j_B^-)}\Delta x(i),\phi_g(i,j_B^- -1)=0 \tag{5-41}$$

$$b_g(i_B^-,j)=-\frac{2D_g(i_B^-,j)}{\Delta x(i_B^-)}\Delta y(j),\phi_g(i_B^- -1,j)=0 \tag{5-42}$$

$$e_g(i_B^+,j)=-\frac{2D_g(i_B^+,j)}{\Delta x(i_B^+)}\Delta y(j),\phi_g(i_B^+ +1,j)=0 \tag{5-43}$$

$$f_g(i,j_B^+)=-\frac{2D_g(i,j_B^+)}{\Delta y(j_B^+)}\Delta x(i),\phi_g(i,j_B^+ +1)=0 \tag{5-44}$$

5.2.3 三维 *XYZ* 几何

三维 XYZ 几何空间变量离散如图 5-4 所示，采用中心点有限差分，对方程（5-1）、方程(5-3)、方程(5-2)在 $[x(i-1/2),x(i+/2)]$、$[y(j-1/2),y(j+/2)]$、$[z(k-1/2),\ z(k+/2)]$ 围成的区间进行积分，并用网格界面 $x(i-1/2)$、$x(i+1/2)$、$y(j-1/2)$、$y(j+1/2)$、$z(k-1/2)$、$z(k+1/2)$ 上中子流连续的条件，可得到三维 *XYZ* 几何 λ、瞬发 α、缓发 α 本征值问题中子注量率迭代（内迭代）方程组（5-45）、方程组（5-46）、方程组（5-47）：

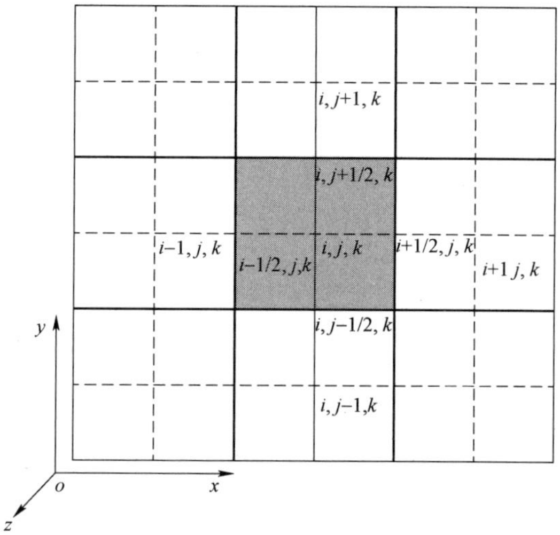

图 5-4 三维 *XYZ* 几何空间离散示意图

$$\begin{aligned}
&a_g(i,j,k)\phi_{g,m}(i,j,k-1)+b_g(i,j,k)\phi_{g,m}(i,j-1,k)+\\
&c_g(i,j,k)\phi_{g,m}(i-1,j,k)+e_g(i,j,k)\phi_{g,m}(i,j,k)+\\
&f_g(i,j,k)\phi_{g,m}(i+1,j,k)+h_g(i,j,k)\phi_{g,m}(i,j+1,k)+\\
&m_g(i,j,k)\phi_{g,m}(i,j,k+1)-SS_{g,m}(i,j,k)=FS_{g,m-1}(i,j,k)\\
&g=1,2,\cdots,G;\\
&i=1,2,\cdots,NX;\\
&j=1,2,\cdots,NY;\\
&k=1,2,\cdots,NZ
\end{aligned} \tag{5-45}$$

$$\begin{aligned}
&-a_g(i,j,k)\phi_{g,m}(i,j,k-1)-b_g(i,j,k)\phi_{g,m}(i,j-1,k)-\\
&c_g(i,j,k)\phi_{g,m}(i-1,j,k)-e_g(i,j,k)\phi_{g,m}(i,j,k)-\\
&f_g(i,j,k)\phi_{g,m}(i+1,j,k)-h_g(i,j,k)\phi_{g,m}(i,j+1,k)-\\
&m_g(i,j,k)\phi_{g,m}(i,j,k+1)+PFS_{g,m}(i,j,k)+SS_{g,m}(i,j,k)=AS_{g,m-1}(i,j,k)
\end{aligned}$$

$$\begin{aligned}&g=1,2,\cdots,G;\\&i=1,2,\cdots,NX;\\&j=1,2,\cdots,NY;\\&k=1,2,\cdots,NZ\end{aligned}\tag{5-46}$$

$$\begin{aligned}&-a_g(i,j,k)\phi_{g,m}(i,j,k-1)-b_g(i,j,k)\phi_{g,m}(i,j-1,k)-\\&c_g(i,j,k)\phi_{g,m}(i-1,j,k)-\mathrm{e}_g(i,j,k)\phi_{g,m}(i,j,k)-\\&f_g(i,j,k)\phi_{g,m}(i+1,j,k)-h_g(i,j,k)\phi_{g,m}(i,j+1,k)-\\&m_g(i,j,k)\phi_{g,m}(i,j,k+1)+PFS_{g,m}(i,j,k)+SS_{g,m}(i,j,k)+\\&DNS_{g,m}(i,j,k)=AS_{g,m-1}(i,j,k)\end{aligned}\tag{5-47}$$

$$\begin{aligned}&g=1,2,\cdots,G;\\&i=1,2,\cdots,NX;\\&j=1,2,\cdots,NY;\\&k=1,2,\cdots,NZ\end{aligned}$$

写成 SOR 迭代格式有：

$$\phi_g^{(K)}(i,j,k)=\frac{\omega}{e_g(i,j,k)}\begin{bmatrix}FS_{g,m-1}(i,j,k)+SS_{g,m}^{(K-1)}(i,j,k)\\-a_g(i,j,k)\phi_{g,m}^{(K)}(i,j,k-1)\\-b_g(i,j,k)\phi_{g,m}^{(K)}(i,j-1,k)\\-c_g(i,j,k)\phi_{g,m}^{(K)}(i-1,j,k)\\-f_g(i,j,k)\phi_{g,m}^{(K-1)}(i+1,j,k)\\-h_g(i,j,k)\phi_{g,m}^{(K-1)}(i,j+1,k)\\-m_g(i,j,k)\phi_{g,m}^{(K-1)}(i,j,k+1)\end{bmatrix}+(1-\omega)\phi_{g,m}^{(K-1)}(i,j,k)\tag{5-48}$$

$$\phi_{g,m}^{(K)}(i,j,k)=\frac{\omega}{-e_g(i,j,k)}\begin{bmatrix}AS_{g,m-1}(i,j,k)-PFS_{g,m}^{(K-1)}(i,j,k)\\-SS_{g,m}^{(K-1)}(i,j,k)\\+a_g(i,j,k)\phi_{g,m}^{(K)}(i,j,k-1)\\+b_g(i,j,k)\phi_{g,m}^{(K)}(i,j-1,k)\\+c_g(i,j,k)\phi_{g,m}^{(K)}(i-1,j,k)\\+f_g(i,j)\phi_{g,m}^{(K-1)}(i+1,j,k)\\+h_g(i,j,k)\phi_{g,m}^{(K-1)}(i,j+1,k)\\+m_g(i,j,k)\phi_{g,m}^{(K-1)}(i,j,k+1)\end{bmatrix}+(1-\omega)\phi_{g,m}^{(K-1)}(i,j,k)\tag{5-49}$$

$$\phi_{g,m}^{(K)}(i,j,k)=\frac{\omega}{-e_g(i,j,k)}\begin{bmatrix}AS_{g,m-1}(i,j,k)-PFS_{g,m}^{(K-1)}(i,j,k)\\-SS_{g,m}^{(k-1)}(i,j,k)-DN_{g,m}^{(K-1)}(i,j,k)\\+a_g(i,j,k)\phi_{g,m}^{(K)}(i,j,k-1)\\+b_g(i,j,k)\phi_{g,m}^{(K)}(i,j-1,k)\\+c_g(i,j,k)\phi_{g,m}^{(K)}(i-1,j,k)\\+f_g(i,j)\phi_{g,m}^{(K-1)}(i+1,j,k)\\+h_g(i,j,k)\phi_{g,m}^{(K-1)}(i,j+1,k)\\+m_g(i,j,k)\phi_{g,m}^{(K-1)}(i,j,k+1)\end{bmatrix}+ (1-\omega)\phi_{g,m}^{(K-1)}(i,j,k) \tag{5-50}$$

方程（5-48）、方程（5-49）、方程（5-50）中：

$$a_g(i,j,k)=-\frac{2D_g(i,j,k)D_g(i,j,k-1)}{D_g(i,j,k)\Delta z(k-1)+D_g(i,j,k-1)\Delta z(k)}\Delta x(i)\Delta y(j) \tag{5-51}$$

$$b_g(i,j,k)=-\frac{2D_g(i,j,k)D_g(i,j-1,k)}{D_g(i,j,k)\Delta y(j-1)+D_g(i,j-1,k)\Delta y(j)}\Delta x(i)\Delta z(k) \tag{5-52}$$

$$c_g(i,j,k)=-\frac{2D_g(i,j,k)D_g(i-1,j,k)}{D_g(i,j,k)\Delta(i-1)+D_g(i-1,j,k)\Delta x(i)}\Delta y(j)\Delta z(k) \tag{5-53}$$

$$f_g(i,j,k)=-\frac{2D_g(i,j,k)D_g(i+1,j,k)}{D_g(i,j,k)\Delta x(i+1)+D_g(i+1,j,k)\Delta x(i)}\Delta y(j)\Delta z(k) \tag{5-54}$$

$$h_g(i,j,k)=-\frac{2D_g(i,j,k)D_g(i,j+1,k)}{D_g(i,j,k)\Delta y(j+1)+D_g(i,j+1,k)\Delta y(j)}\Delta x(i)\Delta z(k) \tag{5-55}$$

$$m_g(i,j,k)=-\frac{2D_g(i,j,k)D_g(i,j,k+1)}{D_g(i,j,k)\Delta z(k+1)+D_g(i,j,k+1)\Delta z(k)}\Delta x(i)\Delta y(j) \tag{5-56}$$

$$\begin{aligned}e_g(i,j,k)=\varSigma_{t,g}(i,j,k)\Delta x(i)\Delta y(j)\Delta z(k)-a_g(i,j,k)-b_g(i,j,k)-\\c_g(i,j,k)-f_g(i,j,k)-h_g(i,j,j)-m_g(i,j,k)\end{aligned} \tag{5-57}$$

$$SS_{g,m}(i,j,k)=\sum_{g'=1}^{G}\varSigma_{g'\to g}(i,j,k)\bullet\Delta x(i)\Delta y(j)\Delta z(k)\phi_{g',m}(i,j,k) \tag{5-58}$$

$$FS_{g,m-1}(i,j,k)=\chi_g(i,j,k)\left[\sum_{g'=1}^{G}\begin{matrix}(\upsilon\varSigma_f)_{g'}(i,j,k)\bullet\phi_{g',m-1}(i,j,k)\\\Delta x(i)\Delta y(j)\Delta z(k)\end{matrix}\right] \tag{5-59}$$

$$\begin{aligned}PFS_{g,m}(i,j,k)=\chi_{p,g}(i,j,k)[1-\beta(i,j,k)]\\\sum_{g'=1}^{G}(\upsilon\varSigma_f)_{g'}(i,j,k)\Delta x(i)\Delta y(j)\Delta z(k)\phi_{g',m}(i,j,k)\end{aligned} \tag{5-60}$$

$$AS_{g,m-1}(i,j,k)=\frac{1}{v_g}\Delta x(i)\Delta y(j)\Delta z(k)\phi_{g,m-1}(i,j,k) \tag{5-61}$$

$$DN_{g,m}^{(K-1)}(i,j,k)=\sum_{l=1}^{6}\chi_{d,l,g}(i,j,k)\lambda_l(i,j,k)C_{l,m}^{(K-1)}(i,j,k)\cdot\Delta x(i)\Delta y(j)\Delta z(k) \tag{5-62}$$

$$C_{l,m}^{(K-1)}=\frac{\left(\beta_l(i,j,k)\cdot\sum_{g'=1}^{G}(\upsilon\Sigma_f)_{g'}(i,j,k)\phi_{g',m}^{(K-1)}(i,j,k)-C_{l,m-1}(i,j,k)\right)}{\lambda_l(i,j,k)} \tag{5-63}$$

在外边界处，利用中子注量率为零的边界条件有：

$$a_g(i,j,k_B^-)=-\frac{2D_g(i,j,k_B^-)}{\Delta z(k_B^-)}\Delta x(i)\Delta y(j)\text{，}\quad \phi_g(i,j,k_B^- -1)=0 \tag{5-64}$$

$$b_g(i,j_B^-,k)=-\frac{2D_g(i,j_B^-,k)}{\Delta y(j_B^-)}\Delta x(i)\Delta z(k)\text{，}\quad \phi_g(i,j_B^- -1,k)=0 \tag{5-65}$$

$$c_g(i_B^-,j,k)=-\frac{2D_g(i_B^-,j,k)}{\Delta x(i_B^-)}\Delta y(j)\Delta z(k)\text{，}\quad \phi_g(i_B^- -1,j,k)=0 \tag{5-66}$$

$$f_g(i_B^+,j,k)=-\frac{2D_g(i_B^+,j,k)}{\Delta x(i_B^+)}\Delta y(j)\Delta z(k)\text{，}\quad \phi_g(i_B^+ +1,j,k)=0 \tag{5-67}$$

$$h_g(i,j_B^+,k)=-\frac{2D_g(i,j_B^+,k)}{\Delta y(j_B^+)}\Delta x(i)\Delta z(k)\text{，}\quad \phi_g(i,j_B^+ +1,k)=0 \tag{5-68}$$

$$m_g(i,j,k_B^+)=-\frac{2D_g(i,j,k_B^+)}{\Delta z(k_B^+)}\Delta x(i)\Delta y(j)\text{，}\quad m_g(i,j,k_B^+ +1)=0 \tag{5-69}$$

5.3　HARMONY 程序计算流程

5.3.1　HARMONY 程序计算 λ 谐波流程

HARMONY 程序计算 λ 谐波的流程如图 5-5 所示。

5.3.2　HARMONY 程序计算瞬发 α 谐波流程

HARMONY 程序计算瞬发 α 谐波的流程如图 5-6 所示。

5.3.3　HARMONY 程序计算缓发 α 谐波流程

HARMONY 程序计算缓发 α 谐波的流程如图 5-7 所示。

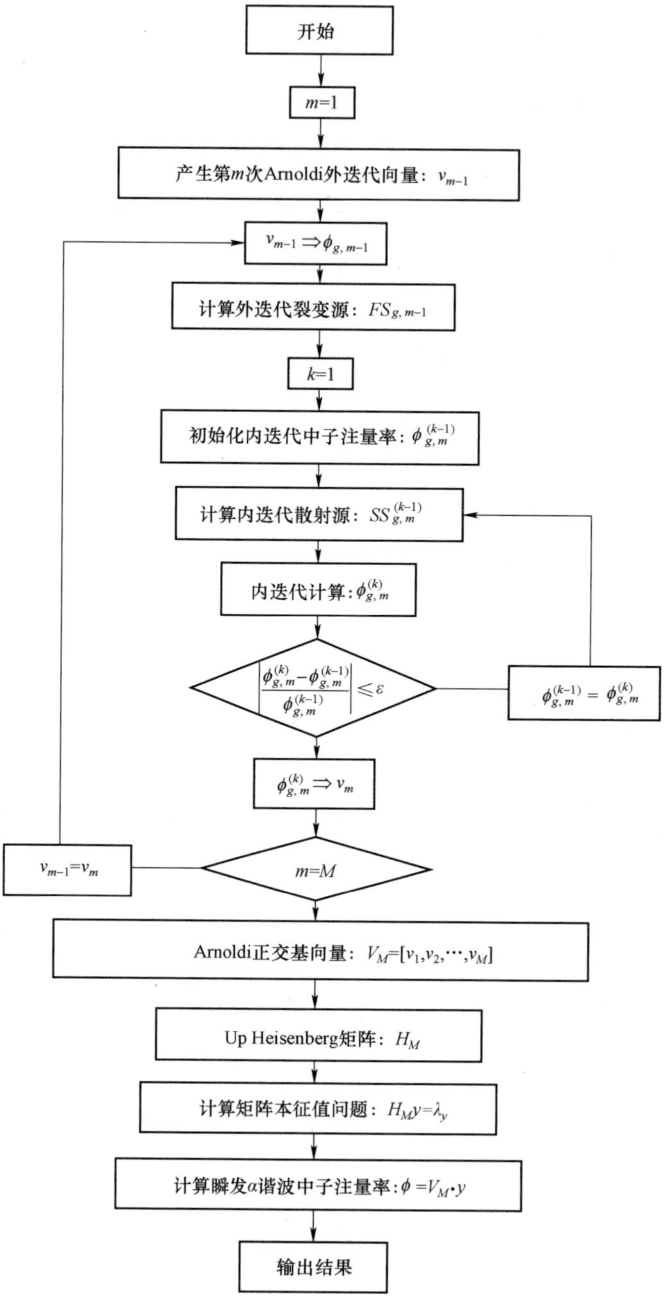

图 5-5　HARMONY 程序计算 λ 谐波流程

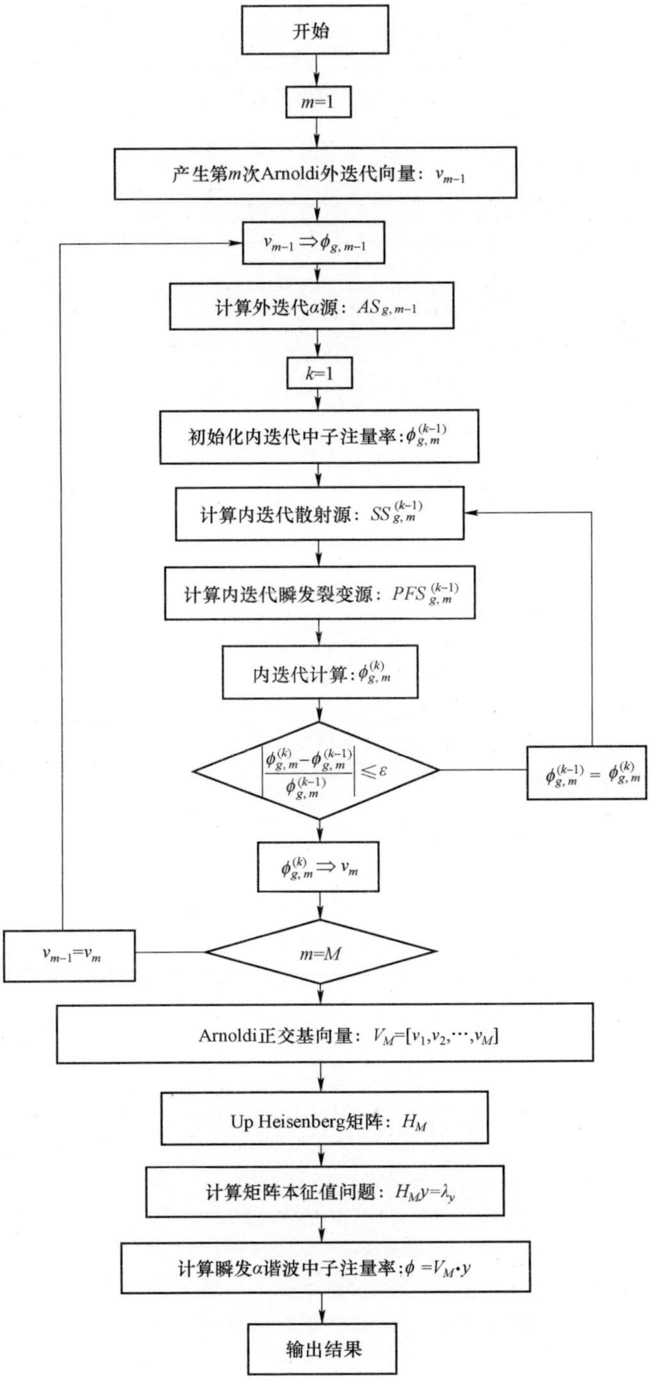

图 5-6　HARMONY 程序计算瞬发α谐波流程

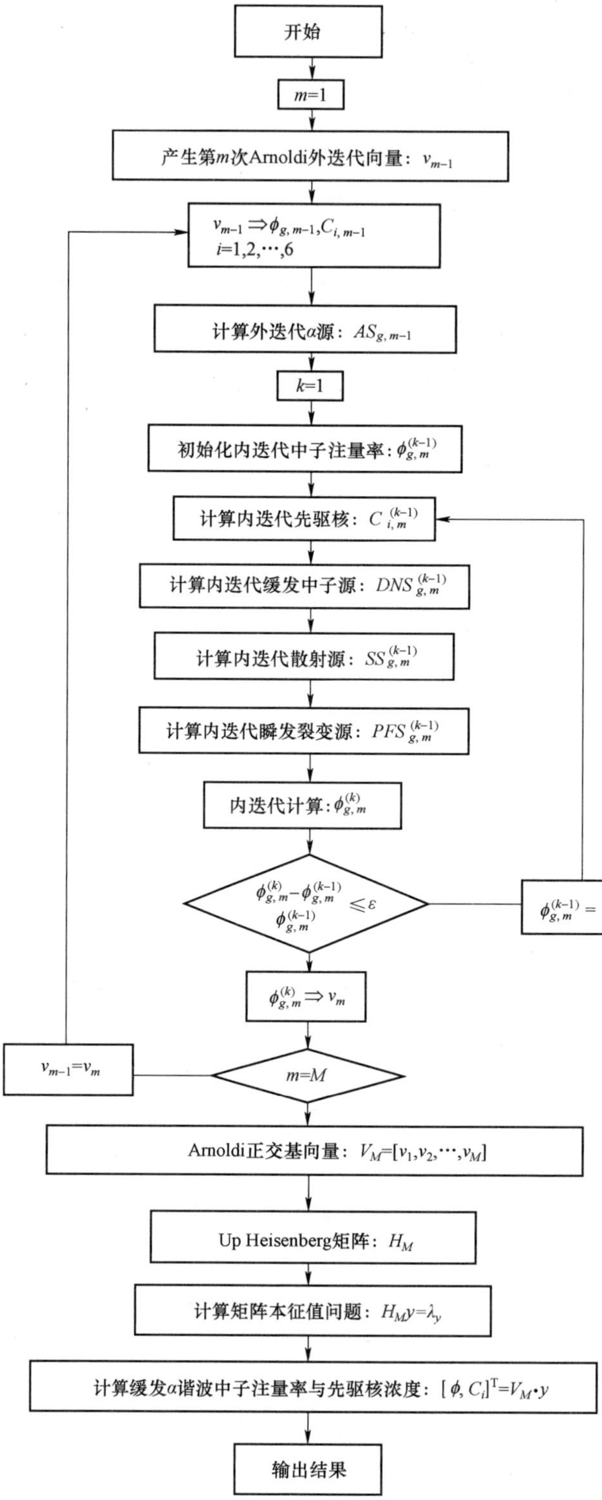

图 5-7　HARMONY 程序计算α谐波流程

5.4　HARMONY 程序基准题验证

5.4.1　SLAB_1D_1G 基准题

为了初步确认 IRAM 方法对于 λ 和瞬发 α 本征值问题谐波计算的有效性，自建了具有解析解的一维平板反应堆单群扩散基准题 SLAB_1D_1G。具体参数见附录 1.1。

一维平板反应堆单群 λ 本征值问题的解析解为：

$$\phi_{\lambda,n}=\begin{cases}A\cos(B_{\lambda,n}x) & n=1,3,5,\cdots\\ C\sin(B_{\lambda,n}x) & n=2,4,6,\cdots\end{cases}\tag{5-70}$$

其中：

$$B_{\lambda,n}^2=\frac{\upsilon\Sigma_f/\lambda_n-\Sigma_a}{D}=\left(\frac{n\pi}{a}\right)^2\tag{5-71}$$

仅考虑瞬发中子的瞬发 α 本征值问题的解析解为：

$$\phi_{\alpha,p,n}=\begin{cases}A\cos(B_{\alpha,p,n}x) & n=1,3,5,\cdots\\ C\sin(B_{\alpha,p,n}x) & n=2,4,6,\cdots\end{cases}\tag{5-72}$$

其中：

$$B_{\alpha,n}^2=\frac{(1-\beta)\upsilon\Sigma_f-\left(\Sigma_a+\dfrac{\alpha_{p,n}}{v}\right)}{D}=\left(\frac{n\pi}{a}\right)^2\tag{5-73}$$

表 5-1、表 5-2 分别给出了 SLAB_1D_1G 基准题前 10 阶 λ 和瞬发 α 本征值结果。

表 5-1　SLAB_1D_1G 基准题 λ 本征值计算结果

谐波阶数 n	λ 本征值		相对误差
	HARMONY	解析解	
1	9.7799×10^{-1}	9.7799×10^{-1}	0.000 0
2	9.7201×10^{-1}	9.72009×10^{-1}	1.0288×10^{-6}
3	9.6223×10^{-1}	9.6218×10^{-1}	5.1965×10^{-5}
4	9.4892×10^{-1}	9.4876×10^{-1}	1.6864×10^{-4}
5	9.3242×10^{-1}	9.3205×10^{-1}	3.9697×10^{-4}
6	9.1315×10^{-1}	9.1241×10^{-1}	8.1104×10^{-4}
7	8.9154×10^{-1}	8.9024×10^{-1}	1.4603×10^{-3}
8	8.6806×10^{-1}	8.6595×10^{-1}	2.4366×10^{-3}
9	8.4316×10^{-1}	8.3999×10^{-1}	3.7739×10^{-3}
10	8.1728×10^{-1}	8.1275×10^{-1}	5.5737×10^{-3}

表 5-2 SLAB_1D_1G 基准题瞬发 α 本征值计算结果

谐波阶数 n	瞬发 α 本征值/s^{-1}		相对误差
	HARMONY	解析解	
1	$-1.250\,8\times10^{3}$	$-1.250\,8\times10^{3}$	0.000 0
2	$-1.521\,2\times10^{3}$	$-1.522\,5\times10^{3}$	$-8.538\,6\times10^{-4}$
3	$-1.972\,8\times10^{3}$	$-1.975\,2\times10^{3}$	$-1.215\,1\times10^{-3}$
4	$-2.601\,4\times10^{3}$	$-2.609\,0\times10^{3}$	$-2.913\,0\times10^{-3}$
5	$-3.405\,3\times10^{3}$	$-3.423\,9\times10^{3}$	$-5.432\,4\times10^{-3}$
6	$-4.381\,4\times10^{3}$	$-4.419\,9\times10^{3}$	$-8.710\,6\times10^{-3}$
7	$-5.525\,9\times10^{3}$	$-5.596\,9\times10^{3}$	$-1.268\,6\times10^{-2}$
8	$-6.834\,1\times10^{3}$	$-6.955\,1\times10^{3}$	$-1.739\,7\times10^{-2}$
9	$-8.301\,0\times10^{3}$	$-8.494\,3\times10^{3}$	$-2.275\,6\times10^{-2}$
10	$-9.920\,6\times10^{3}$	$-1.021\,5\times10^{4}$	$-2.882\,0\times10^{-2}$

从表 5-1、表 5-2 中可以看出，与解析解相比，HARMONY 程序计算得到的前 10 阶 λ、瞬发 α 本征值的最大相对误差分别为 $5.573\,7\times10^{-3}$ 和 $-2.882\,0\times10^{-2}$。

5.4.2 SLAB_1D_2G 基准题

SLAB_1D_2G 基准题[2]为一维平板反应堆双群带一组缓发中子问题，具体参数见附录 1.2。

表 5-3～表 5-5 分别给出了由 HARMONY 程序计算得到的 SLAB_1D_2G 基准题的前 10 阶 λ、瞬发 α 和缓发 α 本征值。

表 5-3 SLAB_1D_2G 基准题 λ 本征值计算结果

谐波阶数 n	λ 本征值		相对误差
	HARMONY	文献［2］	
1	$9.869\,9\times10^{-1}$	$9.869\,8\times10^{-1}$	$1.013\,2\times10^{-5}$
2	$9.351\,6\times10^{-1}$	$9.351\,6\times10^{-1}$	0.000 0
3	$8.589\,8\times10^{-1}$	$8.589\,8\times10^{-1}$	0.000 0
4	$7.697\,5\times10^{-1}$	$7.697\,6\times10^{-1}$	$-1.299\,1\times10^{-5}$
5	$6.778\,0\times10^{-1}$	—	—
6	$5.906\,0\times10^{-1}$	—	—
7	$5.124\,9\times10^{-1}$	—	—
8	$4.452\,3\times10^{-1}$	—	—
9	$3.888\,9\times10^{-1}$	—	—
10	$3.426\,5\times10^{-1}$	—	—

表 5-4　SLAB_1D_2G 基准题瞬发 α 本征值计算结果

谐波阶数 n	瞬发 α 本征值/s^{-1}		相对误差
	HARMONY	文献［2］	
1	$-2.380\ 7\times10^{1}$	$-2.383\ 40\times10^{1}$	$-1.132\ 8\times10^{-3}$
2	$-8.978\ 5\times10^{1}$	$-8.978\ 90\times10^{1}$	$-4.454\ 9\times10^{-5}$
3	$-1.953\ 2\times10^{2}$	$-1.953\ 10\times10^{2}$	$5.120\ 1\times10^{-5}$
4	$-3.345\ 9\times10^{2}$	$-3.345\ 70\times10^{2}$	$5.977\ 8\times10^{-5}$
5	$-5.007\ 4\times10^{2}$	—	—
6	$-6.866\ 4\times10^{2}$	—	—
7	$-8.853\ 3\times10^{2}$	—	—
8	$-1.090\ 3\times10^{3}$	—	—
9	$-1.295\ 5\times10^{3}$	—	—
10	$-1.495\ 5\times10^{3}$	—	—

表 5-5　SLAB_1D_2G 基准题缓发 α 本征值计算结果

谐波阶数 n	缓发 α 本征值/s^{-1}		相对误差
	HARMONY	文献［2］	
1	$-5.619\ 5\times10^{-2}$	$-5.620\ 0\times10^{-2}$	$-8.896\ 8\times10^{-5}$
2	$-7.679\ 4\times10^{-2}$	$-7.680\ 0\times10^{-2}$	$-7.812\ 5\times10^{-5}$
3	$-8.080\ 0\times10^{-2}$	$-8.080\ 0\times10^{-2}$	0.000 0
4	$-8.221\ 3\times10^{-2}$	$-8.220\ 0\times10^{-2}$	$1.581\ 5\times10^{-4}$
5	$-8.286\ 7\times10^{-2}$	—	—
6	$-8.322\ 0\times10^{-2}$	—	—
7	$-8.343\ 0\times10^{-2}$	—	—
8	$-8.356\ 4\times10^{-2}$	—	—
9	$-8.365\ 4\times10^{-2}$	—	—
10	$-8.371\ 6\times10^{-2}$	—	—

从表 5-3～表 5-5 可以看出，HARMONY 程序计算得到的前 4 阶谐波结果与文献［2］吻合很好，λ、瞬发 α 和缓发 α 本征值的最大相对误差分别 $-1.299\ 1\times10^{-5}$、$-1.132\ 8\times10^{-3}$ 和 $1.581\ 5\times10^{-4}$。

5.4.3　IAEA_2D_2G 基准题

IAEA_2D_2G 基准题[3]为二维双群压水堆问题。堆芯由 177 个四方形组件组成，组件对边距为 20 cm。堆芯采用内-外双区布置，堆芯外围反射层厚度为 20 cm。IAEA_2D_2G 基准题参数见附录 1.3。计算时反射层外边界处中子注量率等于零。

表 5-6 给出 HARMONY 程序计算得到的 IAEA_2D_2G 基准题前 10 阶 λ 本征值和 DONJON 程序[4]计算得到的 λ 基波本征值。IAEA_2D_2G 基准题的 DONJON 程序输入文件见附录 2.1。

表 5-6　IAEA_2D_2G 基准题 λ 本征值计算结果

谐波阶数 n	λ 本征值		相对误差
	HARMONY	DONJON	
1	1.030 3	1.032 0	$-1.656\ 0\times10^{-3}$
2	1.013 5	—	—
3	1.013 5	—	—
4	1.001 4	—	—
5	$9.936\ 7\times10^{-1}$	—	—
6	$9.908\ 2\times10^{-1}$	—	—
7	$9.824\ 4\times10^{-1}$	—	—
8	$9.824\ 4\times10^{-1}$	—	—
9	$9.656\ 7\times10^{-1}$	—	—
10	$9.637\ 5\times10^{-1}$	—	—

从表 5-6 中可以看出，对于 IAEA_2D_2G 基准题，HARMONY 程序计算得到 λ 基波本征值与 DONJON 程序的相对误差为 $-1.656\ 0\times10^{-3}$。

5.4.4　BIBLIS_2D_2G 基准题

BIBLIS_2D_2G 基准题[69]同样为二维双群压水堆问题，与 IAEA_2D_2G 基准题相比，该问题堆芯更加复杂，共有 7 种燃料组件，共 193 个四方形燃料组件，组件对边距为 23.122 6 cm，堆芯外围反射层厚度为 23.122 6 cm。BIBLIS_2D_2G 基准题参数见附录 1.4。计算时反射层外边界处中子注量率等于零。

表 5-7 给出 HARMONY 程序计算得到的 BIBLIS_2D_2G 基准题前 10 阶 λ 本征值和 DONJON 程序计算得到的基波 λ 本征值。BIBLIS_2D_2G 基准题的 DONJON 程序输入文件见附录 2.2。

表 5-7　BIBLIS_2D_2G 基准题 λ 本征值计算结果

谐波阶数 n	λ 本征值		相对误差
	HARMONY	DONJON	
1	1.040 9	1.040 9	$0.000\ 0\times10^{-5}$
2	1.037 8	—	—
3	1.037 8	—	—
4	1.032 1	—	—

续表

谐波阶数 n	λ 本征值		相对误差
	HARMONY	DONJON	
5	1.029 2	—	—
6	1.021 4	—	—
7	1.021 4	—	—
8	1.015 3	—	—
9	1.010 1	—	—
10	$9.951\,6\times10^{-1}$	—	—

从表 5-7 中可以看出，对于 BIBLIS_2D_2G 基准题，HARMONY 程序计算得到 λ 基波本征值与 DONJON 程序完全吻合。

5.4.5　PHWR_3D_2G 基准题

PHWR_3D_2G 基准题[6]为三维 *XYZ* 几何双群带一组缓发中子重水堆问题。堆芯采用内外双区布置，带径向反射层。PHWR_3D_2G 基准题参数见附录 1.5。计算时径向反射层和轴向堆芯外边界处中子注量率等于零。

表 5-8 给出 HARMONY 程序计算得到的 PHWR_3D_2G 基准题前 10 阶 λ 本征值和文献[2]给出的前 4 阶 λ 本征值。

表 5-8　PHWR_3D_2G 基准题 λ 本征值计算结果

谐波阶数 n	λ 本征值		相对误差
	HARMONY	文献［2］	
1	1.003 4	1.003 6	$-1.992\,8\times10^{-4}$
2	$9.901\,4\times10^{-1}$	$9.901\,1\times10^{-1}$	$3.030\,0\times10^{-5}$
3	$9.897\,6\times10^{-1}$	$9.901\,1\times10^{-1}$	$-3.535\,0\times10^{-4}$
4	$9.731\,2\times10^{-1}$	$9.732\,1\times10^{-1}$	$-9.247\,7\times10^{-5}$
5	$9.666\,5\times10^{-1}$	—	—
6	$9.648\,7\times10^{-1}$	—	—
7	$9.601\,2\times10^{-1}$	—	—
8	$9.598\,4\times10^{-1}$	—	—
9	$9.381\,2\times10^{-1}$	—	—
10	$9.375\,9\times10^{-1}$	—	—

从表 5-8 可以看出，对于前 4 阶 λ 本征值，HARMONY 程序的结果与文献[2]的结果最大相对误差为 $-3.535\,0\times10^{-4}$。

表 5-9 给出 HARMONY 程序计算得到的 PHWR_3D_2G 基准题前 10 阶瞬发 α 本征

值和文献[2]给出的前 4 阶瞬发 α 本征值。

表 5-9　PHWR_3D_2G 基准题瞬发 α 本征值计算结果

谐波阶数 n	瞬发 α 本征值/s^{-1}		相对误差
	HARMONY	文献［2］	
1	$-3.522\,9$	$-3.565\,0$	$-1.180\,9\times10^{-2}$
2	$-1.825\,6\times10^{1}$	$-1.833\,5\times10^{1}$	$-4.308\,7\times10^{-3}$
3	$-1.877\,2\times10^{1}$	$-1.833\,5\times10^{1}$	$2.383\,4\times10^{-2}$
4	$-3.870\,1\times10^{1}$	$-3.856\,0\times10^{1}$	$3.656\,6\times10^{-3}$
5	$-4.415\,6\times10^{1}$	—	
6	$-4.572\,9\times10^{1}$	—	
7	$-5.336\,2\times10^{1}$	—	
8	$-5.275\,2\times10^{1}$	—	
9	$-7.794\,3\times10^{1}$	—	
10	$-7.790\,4\times10^{1}$	—	

从表 5-9 中可以看出，对于前 4 阶瞬发 α 本征值，HARMONY 程序的结果与文献[2]的结果的最大相对误差为 $2.383\,4\times10^{-2}$。

表 5-10 给出 HARMONY 程序计算得到的 PHWR_3D_2G 基准题前 10 阶缓发 α 本征值和文献［2］给出的前 4 阶缓发 α 本征值。

表 5-10　PHWR_3D_2G 基准题缓发 α 本征值计算结果

谐波阶数 n	缓发 α 本征值/s^{-1}		相对误差
	HARMONY	文献［2］	
1	$8.924\,0\times10^{-2}$	$9.550\,0\times10^{-2}$	$-6.555\,0\times10^{-2}$
2	$-5.072\,8\times10^{-2}$	$-5.080\,0\times10^{-2}$	$-1.417\,3\times10^{-3}$
3	$-5.145\,2\times10^{-2}$	$-5.080\,0\times10^{-2}$	$1.283\,5\times10^{-2}$
4	$-6.799\,0\times10^{-2}$	$-6.793\,0\times10^{-2}$	
5	$-7.064\,9\times10^{-2}$	—	—
6	$-7.125\,3\times10^{-2}$	—	—
7	$-7.262\,3\times10^{-2}$	—	—
8	$-7.270\,3\times10^{-2}$	—	—
9	$-7.645\,1\times10^{-2}$	—	—
10	$-7.653\,2\times10^{-2}$	—	—

从表 5-10 中可以看出，对于前 4 阶瞬发 α 本征值，HARMONY 程序的结果与文献［2］的结果的最大相对误差为 $-6.555\,0\times10^{-2}$。

参考文献

［1］R. B. Lehoucq，D. C. Sorensen. C. Yang. ARPACK User's Guide：Solution of Large Scale Eigenvalue Probles with Implicitly Restarted Arnoldi Methods［OL］. http：//www.caam.rice.edu/software/ARPACK/.

［2］K.P. Singh，S.B. Degweker，R.S. Modak，Kanchhi Singh. Iterative method for obtaining the prompt and delayed alpha-modesof the diffusion equation［J］. Annals of Nuclear Energy，2011，（38）：1996-2004.

［3］Theler，G.，Clausse，A.，Bonetto F.J. Solution of the 2D IAEA PWR benchmark with the neutronic code Milonga［J］. Actas de la Reunion Anual de la Asociacion Argentina de Tecnologia Nuclear，2011，XXXVIII.

［4］A. Herbert. A user guide for TRIVAC VERSION 4［M］. 2007.

［5］Vidalferrandiz A，Fayez R，Ginestar D. Solution of the Lambda modes problem of a nuclear power reactor using an h-p finite element method［J］. Annals of Nuclear Energy，2014，72：338-349.

［6］Judd，R.A.，Rouben，B. Three Dimensional Kinetics Benchmark Problem in a Heavy Water Reactor［R］. AECL-7236，1981.

第 6 章

ADS 次临界反应堆稳态物理特性的谐波展开研究

6.1 ADS 次临界反应堆堆芯参数与典型次临界度设定

6.1.1 ADS 次临界反应堆堆芯参数

本书 ADS 次临界反应堆堆芯参考自文献［1］。在文献［1］中，ADS 次临界反应堆堆芯为二维圆柱体结构，堆芯燃料为 8.5wt%二氧化铀，堆芯和反射层 4 群均匀化常数由 CASMO3 程序计算得到。为了与 HARMONY 计算程序的几何处理能力相适应，并开展 ADS 次临界反应堆物理特性研究，本书在文献［1］的基础上，将堆芯等效为方形燃料组件准圆形布置方式，如图 6-1 所示。燃料和反射层为 10 cm×10 cm 四方形组件，径向中心组件位置处有一外中子源，高度为 20 cm。为了研究稳态与动态外中子源驱动下的堆芯物理特性，假设了堆芯中布置有 4 个中子探测器，用 Dx 表示（x=1，2，3，4）。

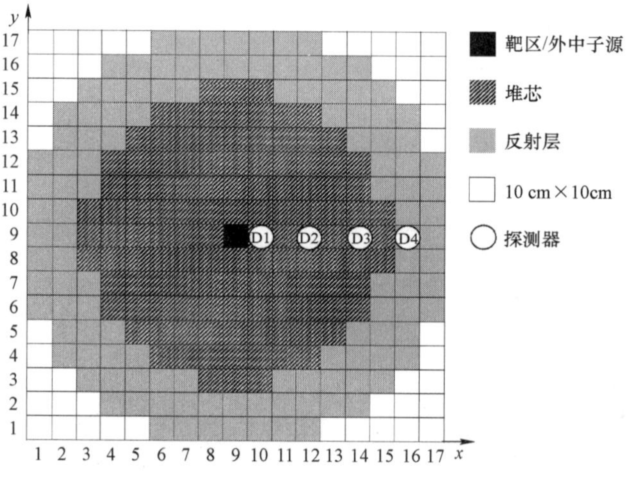

图 6-1　ADS 次临界反应堆堆芯布置示意图

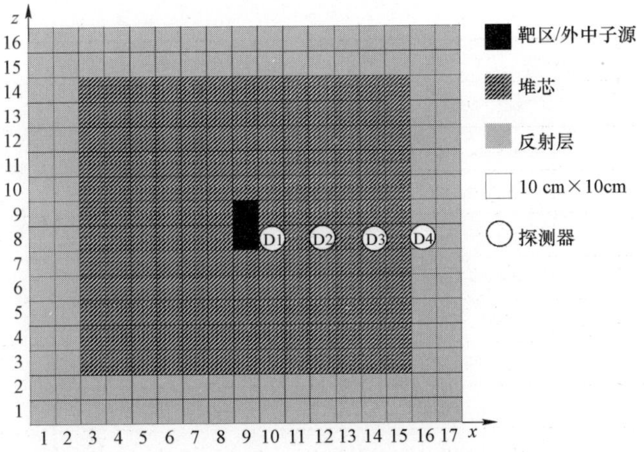

图 6-1　ADS 次临界反应堆堆芯布置示意图（续）

6.1.2　ADS 次临界反应堆典型次临界度的设定

ADS 次临界反应堆的扩散计算采用 4 群常数，初始截面数值来自参考文献 [1]。为了研究不同的次临界度下的物理特性，通过调节参考堆芯截面中的 $(\upsilon\Sigma_f)_g$，并由 DONJON 程序计算得到 k_{eff}=0.93、0.96、0.99 三种典型次临界度，分别对应深度次临界、中等次临界、浅次临界。调整后的堆芯 4 群截面见附录 1 表 1-6，DONJON 程序的输入文件见附录 2。

6.2　ADS 次临界反应堆谐波本征值

6.2.1　λ 本征值

表 6-1 给出了由 HARMONY 程序计算得到的 ADS 次临界反应堆的前 20 阶 λ 本征值。前 200 阶 λ 本征值结果见附录 3。

表 6-1　ADS 次临界反应堆的前 20 阶 λ 本征值

谐波阶数 n	λ 本征值		
	k_{eff} = 0.93	k_{eff} = 0.96	k_{eff} = 0.99
1	$9.300\,8 \times 10^{-1}$	$9.600\,8 \times 10^{-1}$	$9.900\,9 \times 10^{-1}$
2	$8.730\,2 \times 10^{-1}$	$9.011\,8 \times 10^{-1}$	$9.293\,5 \times 10^{-1}$
3	$8.633\,4 \times 10^{-1}$	$8.911\,9 \times 10^{-1}$	$9.190\,4 \times 10^{-1}$
4	$8.633\,4 \times 10^{-1}$	$8.911\,9 \times 10^{-1}$	$9.190\,4 \times 10^{-1}$
5	$8.123\,4 \times 10^{-1}$	$8.385\,5 \times 10^{-1}$	$8.647\,5 \times 10^{-1}$
6	$8.123\,4 \times 10^{-1}$	$8.385\,5 \times 10^{-1}$	$8.647\,5 \times 10^{-1}$
7	$7.931\,7 \times 10^{-1}$	$8.187\,5 \times 10^{-1}$	$8.443\,4 \times 10^{-1}$

续表

谐波阶数 n	λ 本征值		
	$k_{eff}=0.93$	$k_{eff}=0.96$	$k_{eff}=0.99$
8	$7.885\ 9\times10^{-1}$	$8.140\ 3\times10^{-1}$	$8.394\ 6\times10^{-1}$
9	$7.815\ 8\times10^{-1}$	$8.067\ 9\times10^{-1}$	$8.320\ 0\times10^{-1}$
10	$7.608\ 5\times10^{-1}$	$7.854\ 0\times10^{-1}$	$8.099\ 4\times10^{-1}$
11	$7.482\ 8\times10^{-1}$	$7.724\ 2\times10^{-1}$	$7.965\ 6\times10^{-1}$
12	$7.376\ 7\times10^{-1}$	$7.614\ 7\times10^{-1}$	$7.852\ 6\times10^{-1}$
13	$7.365\ 0\times10^{-1}$	$7.602\ 6\times10^{-1}$	$7.840\ 2\times10^{-1}$
14	$7.365\ 0\times10^{-1}$	$7.602\ 6\times10^{-1}$	$7.840\ 2\times10^{-1}$
15	$7.186\ 9\times10^{-1}$	$7.418\ 7\times10^{-1}$	$7.650\ 6\times10^{-1}$
16	$7.117\ 5\times10^{-1}$	$7.347\ 1\times10^{-1}$	$7.576\ 7\times10^{-1}$
17	$7.117\ 5\times10^{-1}$	$7.347\ 1\times10^{-1}$	$7.576\ 7\times10^{-1}$
18	$6.907\ 3\times10^{-1}$	$7.130\ 2\times10^{-1}$	$7.353\ 0\times10^{-1}$
19	$6.811\ 8\times10^{-1}$	$7.031\ 5\times10^{-1}$	$7.251\ 2\times10^{-1}$
20	$6.736\ 1\times10^{-1}$	$6.953\ 4\times10^{-1}$	$7.170\ 7\times10^{-1}$

6.2.2 瞬发 α 本征值

表 6-2 给出了在仅考虑瞬发中子时，由 HARMONY 程序计算得到的 ADS 次临界反应堆的前 20 阶瞬发 α 本征值。前 200 阶瞬发 α 本征值结果见附录 3。

表 6-2 ADS 次临界反应堆的前 20 阶瞬发 α 本征值（仅考虑瞬发中子）

谐波阶数 n	瞬发 α 本征值/s^{-1}		
	$k_{eff}=0.93$	$k_{eff}=0.96$	$k_{eff}=0.99$
1	$-4.219\ 3\times10^{3}$	$-2.593\ 2\times10^{3}$	$-9.491\ 5\times10^{2}$
2	$-7.305\ 4\times10^{3}$	$-5.802\ 9\times10^{3}$	$-4.284\ 5\times10^{3}$
3	$-7.826\ 0\times10^{3}$	$-6.344\ 1\times10^{3}$	$-4.846\ 8\times10^{3}$
4	$-7.826\ 0\times10^{3}$	$-6.344\ 1\times10^{3}$	$-4.846\ 8\times10^{3}$
5	$-1.055\ 9\times10^{4}$	$-9.184\ 3\times10^{3}$	$-7.795\ 9\times10^{3}$
6	$-1.055\ 9\times10^{4}$	$-9.184\ 3\times10^{3}$	$-7.795\ 9\times10^{3}$
7	$-1.158\ 1\times10^{4}$	$-1.024\ 6\times10^{4}$	$-8.898\ 4\times10^{3}$
8	$-1.182\ 6\times10^{4}$	$-1.050\ 1\times10^{4}$	$-9.162\ 2\times10^{3}$
9	$-1.219\ 8\times10^{4}$	$-1.088\ 7\times10^{4}$	$-9.563\ 1\times10^{3}$
10	$-1.329\ 9\times10^{4}$	$-1.203\ 0\times10^{4}$	$-1.074\ 9\times10^{4}$
11	$-1.396\ 7\times10^{4}$	$-1.272\ 3\times10^{4}$	$-1.146\ 8\times10^{4}$
12	$-1.452\ 8\times10^{4}$	$-1.330\ 6\times10^{4}$	$-1.207\ 3\times10^{4}$
13	$-1.459\ 1\times10^{4}$	$-1.337\ 1\times10^{4}$	$-1.214\ 0\times10^{4}$

续表

谐波阶数 n	瞬发 α 本征值/s^{-1}		
	$k_{eff}=0.93$	$k_{eff}=0.96$	$k_{eff}=0.99$
14	-1.4591×10^4	-1.3371×10^4	-1.2140×10^4
15	-1.5533×10^4	-1.4348×10^4	-1.3154×10^4
16	-1.5900×10^4	-1.4729×10^4	-1.3548×10^4
17	-1.5900×10^4	-1.4729×10^4	-1.3548×10^4
18	-1.7010×10^4	-1.5881×10^4	-1.4742×10^4
19	-1.7514×10^4	-1.6404×10^4	-1.5284×10^4
20	-1.7913×10^4	-1.6817×10^4	-1.5712×10^4

表 6-3 给出了在不区分瞬发与缓发中子时，由 HARMONY 程序计算得到的 ADS 次临界反应堆的前 20 阶瞬发 α 本征值。前 200 阶瞬发 α 本征值结果见附录 3。

表 6-3 ADS 次临界反应堆的前 20 阶瞬发 α 本征值（不区分瞬发与缓发中子）

谐波阶数 n	瞬发 α 本征值/s^{-1}		
	$k_{eff}=0.93$	$k_{eff}=0.96$	$k_{eff}=0.99$
1	-3.8548×10^3	-2.2128×10^3	-5.5254×10^2
2	-6.9685×10^3	-5.4515×10^3	-3.9183×10^3
3	-7.4937×10^3	-5.9976×10^3	-4.4857×10^3
4	-7.4937×10^3	-5.9976×10^3	-4.4857×10^3
5	-1.0251×10^4	-8.8629×10^3	-7.4612×10^3
6	-1.0251×10^4	-8.8629×10^3	-7.4612×10^3
7	-1.1282×10^4	-9.9343×10^3	-8.5735×10^3
8	-1.1529×10^4	-1.0191×10^4	-8.8395×10^3
9	-1.1904×10^4	-1.0580×10^4	-9.2439×10^3
10	-1.3015×10^4	-1.1734×10^4	-1.0441×10^4
11	-1.3688×10^4	-1.2433×10^4	-1.1166×10^4
12	-1.4254×10^4	-1.3021×10^4	-1.1776×10^4
13	-1.4318×10^4	-1.3086×10^4	-1.1844×10^4
14	-1.4318×10^4	-1.3086×10^4	-1.1844×10^4
15	-1.5267×10^4	-1.4072×10^4	-1.2866×10^4
16	-1.5637×10^4	-1.4456×10^4	-1.3264×10^4
17	-1.5637×10^4	-1.4456×10^4	-1.3264×10^4
18	-1.6757×10^4	-1.5618×10^4	-1.4468×10^4
19	-1.7265×10^4	-1.6144×10^4	-1.5014×10^4
20	-1.7667×10^4	-1.6561×10^4	-1.5446×10^4

6.2.3 谐波空间分布特性

第 5.4 节对 HARMONY 程序进行基准题验证时，曾对 λ、瞬发 α、缓发 α 谐波和缓发中子先驱核谐波进行了绘图与分析，发现对于同一种类型本征值问题的不同能群（或缓发中子先驱核组）的谐波在空间上的分布是类似的；对于不同类型本征值问题的同一阶谐波，空间上的分布是类似的（带反射层的反应堆 λ 谐波与 α 谐波略有差异）。鉴于上述的相似性和本书篇幅限制并未在 5.4 节中对谐波空间分布给予描绘。

但为了增加对谐波的感性认识，这里仅给出 $k_{\text{eff}}=0.93$ 时，ADS 次临界反应堆第 1 能群前 20 阶 λ 谐波的空间分布特性，如图 6-2～图 6-21 所示。α 谐波的空间分布与之类似，此处不再赘述。

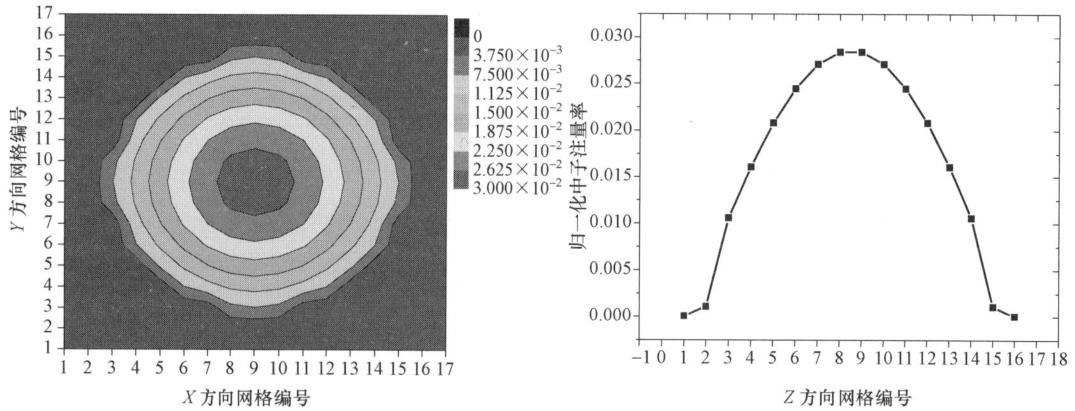

(a) 第 1 群第 1 阶径向 λ 谐波 (b) 第 1 群第 1 阶轴向 λ 谐波

图 6-2 第 1 阶 λ 谐波空间分布

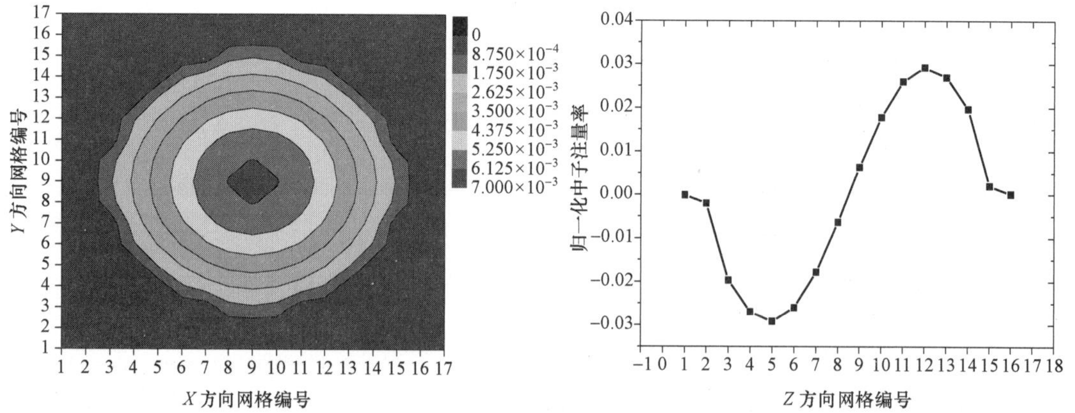

(a) 第 1 群第 2 阶径向 λ 谐波 (b) 第 1 群第 2 阶轴向 λ 谐波

图 6-3 第 2 阶 λ 谐波空间分布

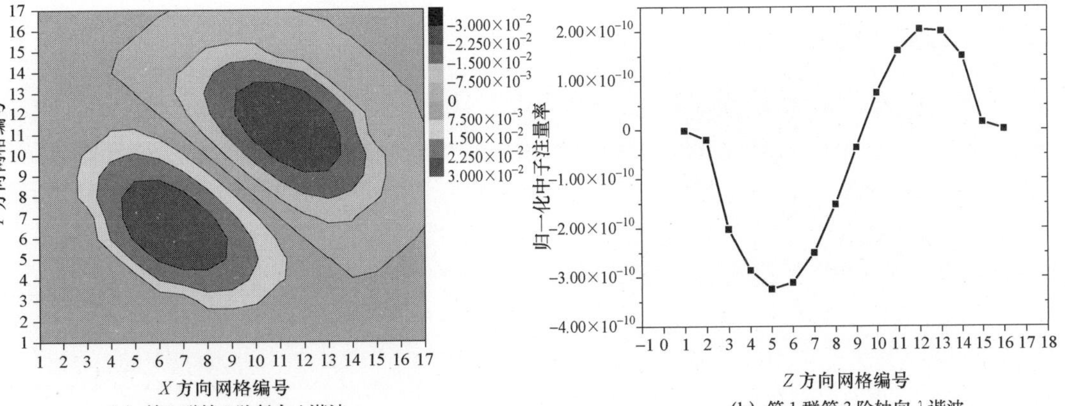

(a) 第1群第3阶径向λ谐波　(b) 第1群第3阶轴向λ谐波

图 6-4　第3阶λ谐波空间分布

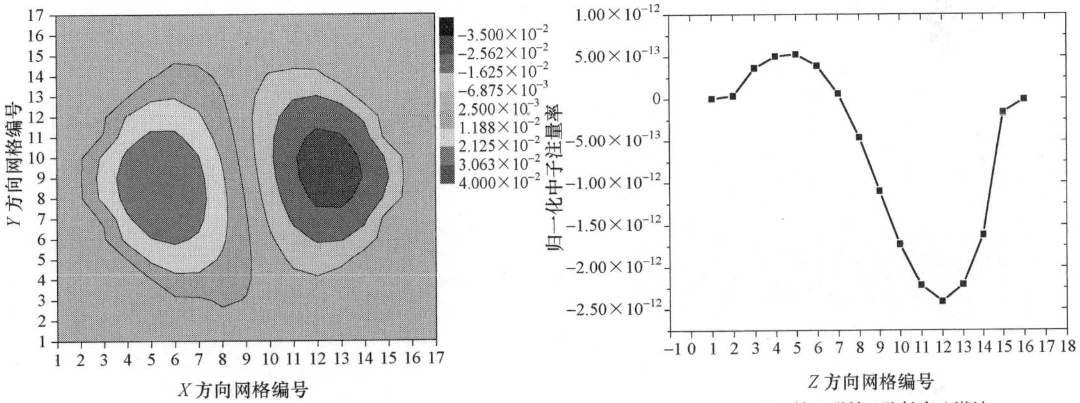

(a) 第1群第4阶径向λ谐波　(b) 第1群第4阶轴向λ谐波

图 6-5　第4阶λ谐波空间分布

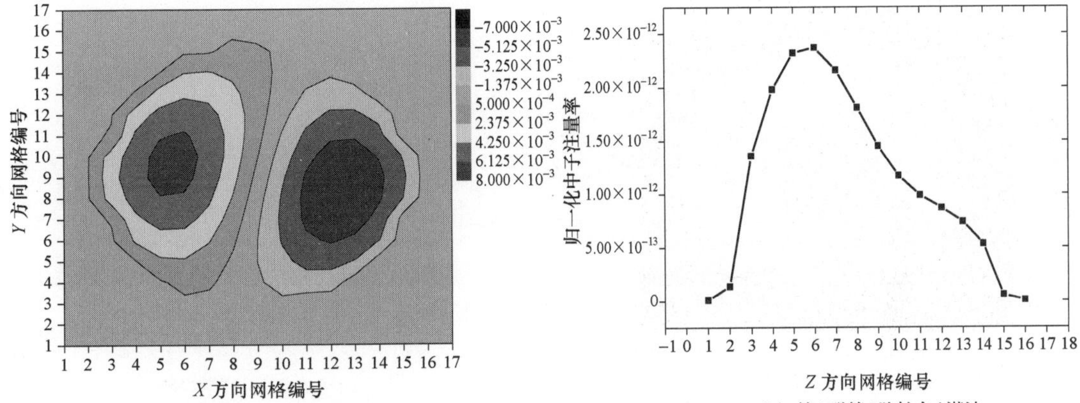

(a) 第1群第5阶径向λ谐波　(b) 第1群第5阶轴向λ谐波

图 6-6　第5阶λ谐波空间分布

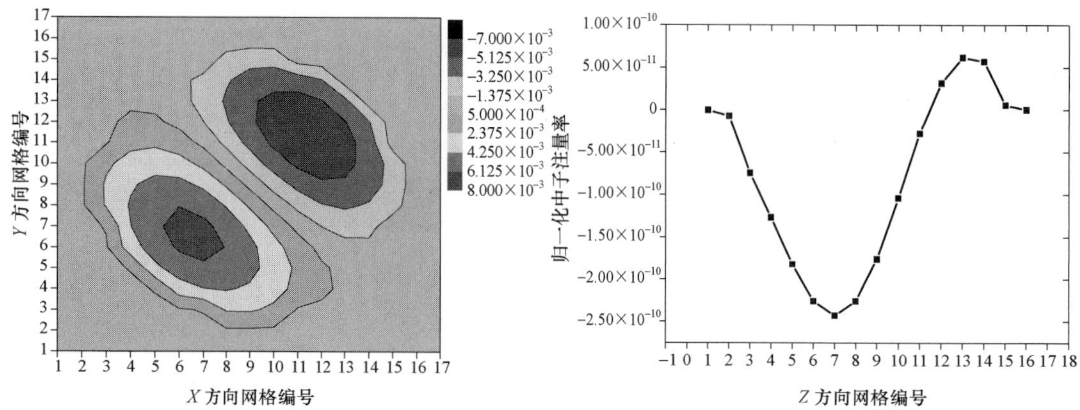

(a) 第1群第6阶径向λ谐波　　(b) 第1群第6阶轴向λ谐波

图 6-7　第 6 阶 λ 谐波空间分布

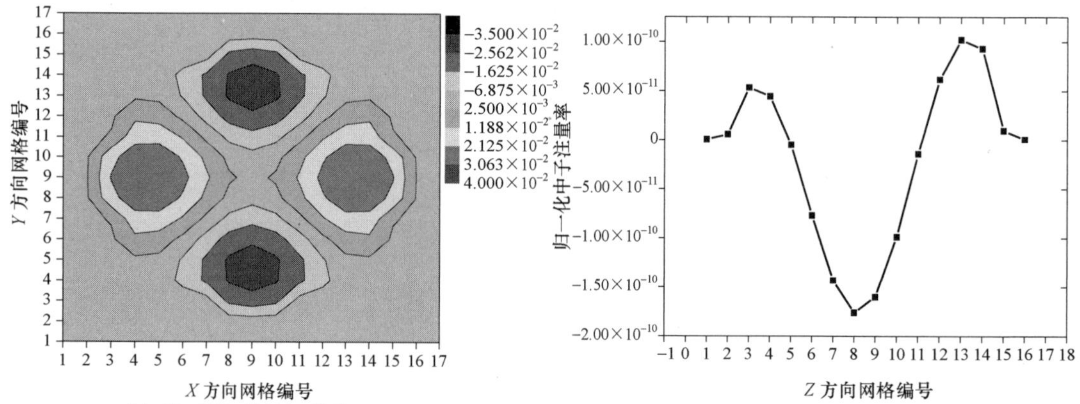

(a) 第1群第7阶径向λ谐波　　(b) 第1群第7阶轴向λ谐波

图 6-8　第 7 阶 λ 谐波空间分布

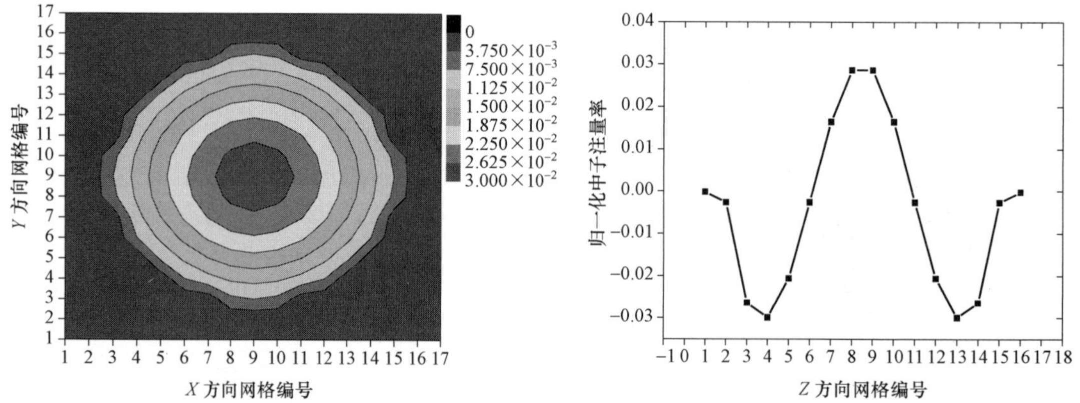

(a) 第1群第8阶径向λ谐波　　(b) 第1群第8阶轴向λ谐波

图 6-9　第 8 阶 λ 谐波空间分布

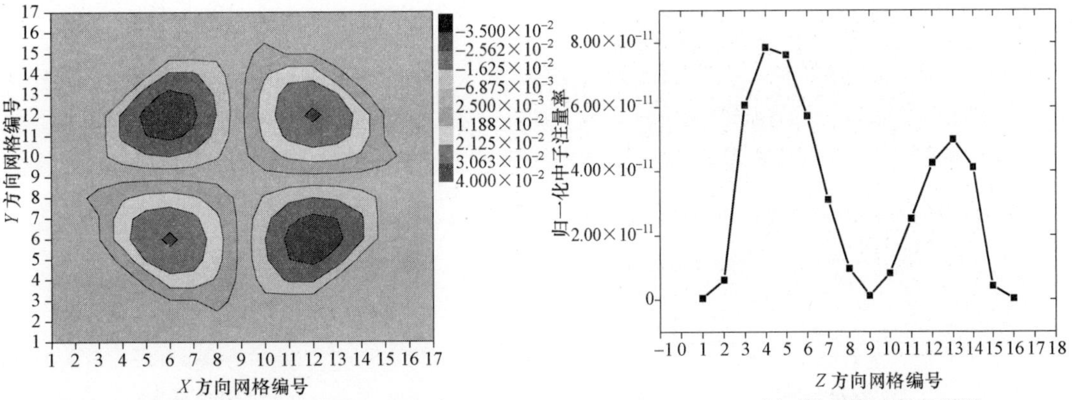

(a) 第1群第9阶径向λ谐波 (b) 第1群第9阶轴向λ谐波

图 6-10 第 9 阶 λ 谐波空间分布

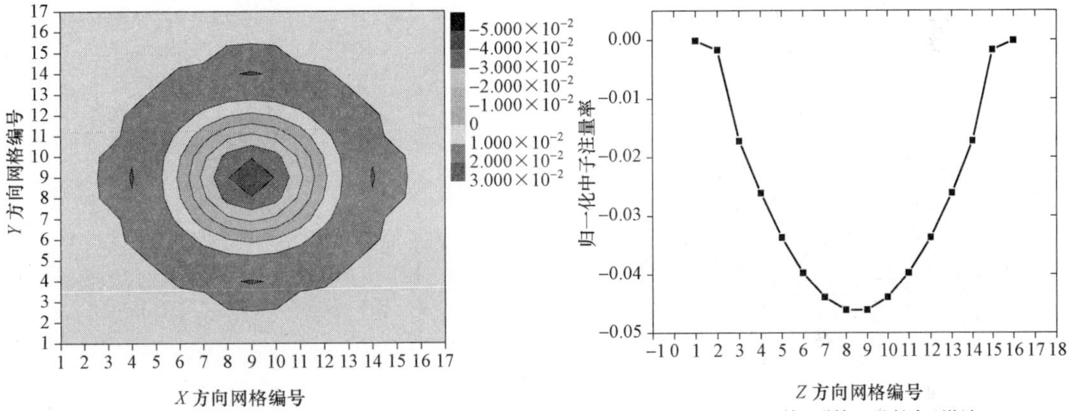

(a) 第1群第10阶径向λ谐波 (b) 第1群第10阶轴向λ谐波

图 6-11 第 10 阶 λ 谐波空间分布

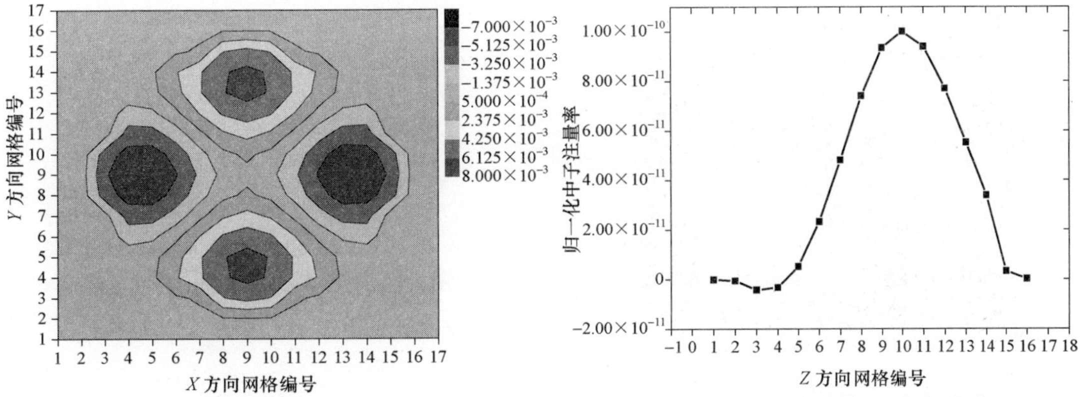

(a) 第1群第11阶径向λ谐波 (b) 第1群第11阶轴向λ谐波

图 6-12 第 11 阶 λ 谐波空间分布

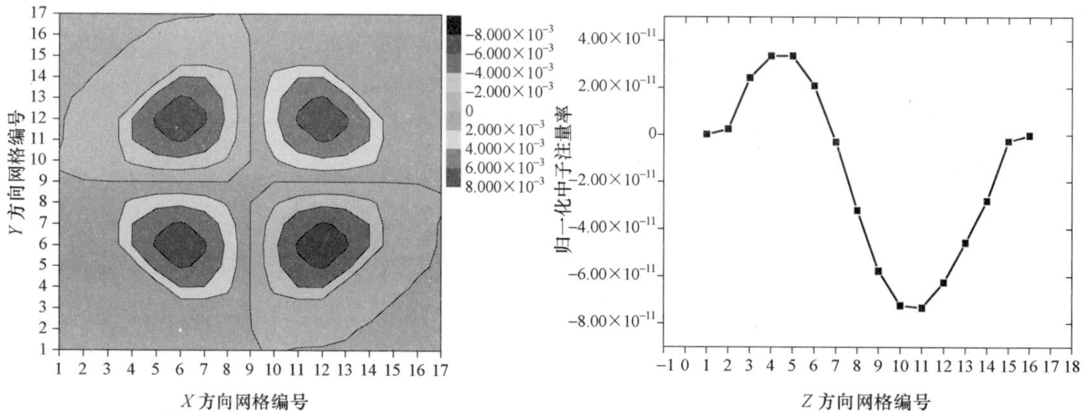

(a) 第1群第12阶径向λ谐波　　(b) 第1群第12阶轴向λ谐波

图 6-13　第 12 阶 λ 谐波空间分布

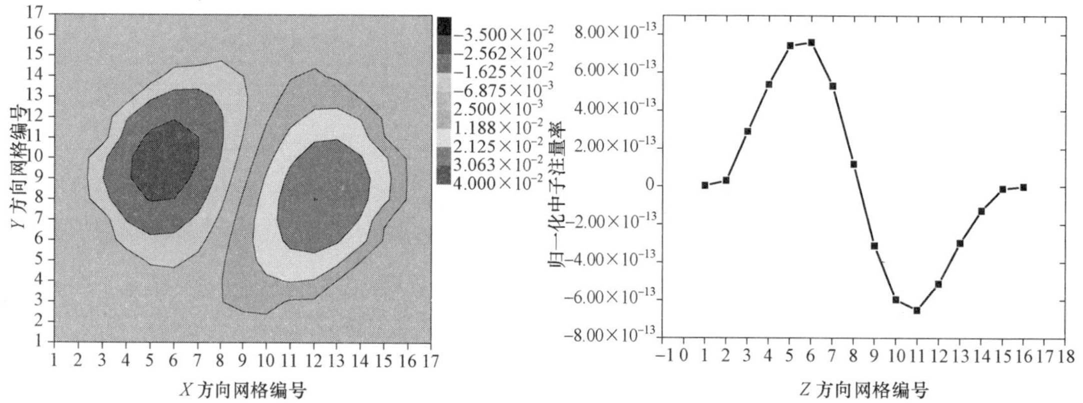

(a) 第1群第13阶径向λ谐波　　(b) 第1群第13阶轴向λ谐波

图 6-14　第 13 阶 λ 谐波空间分布

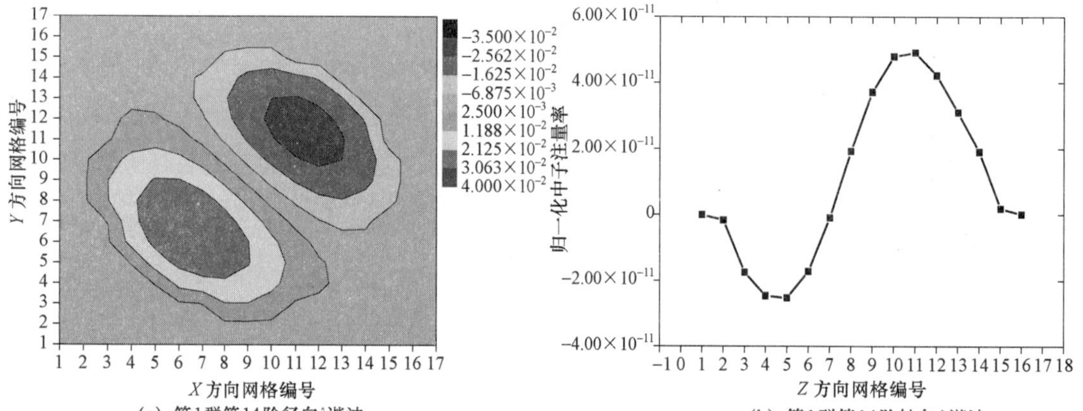

(a) 第1群第14阶径向λ谐波　　(b) 第1群第14阶轴向λ谐波

图 6-15　第 14 阶 λ 谐波空间分布

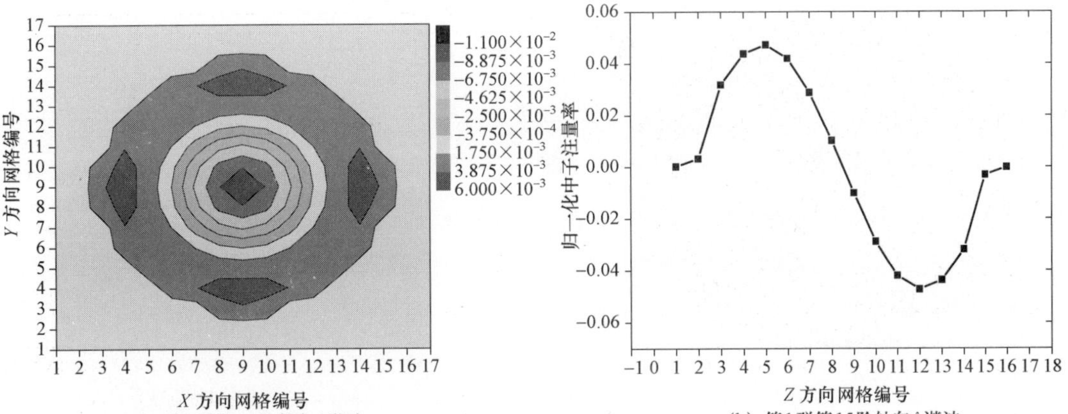

(a) 第1群第15阶径向λ谐波 (b) 第1群第15阶轴向λ谐波

图 6-16 第 15 阶 λ 谐波空间分布

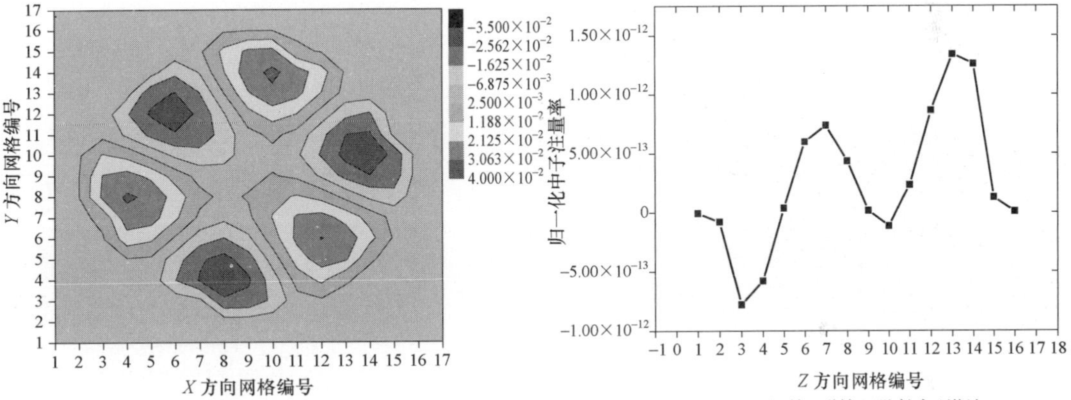

(a) 第1群第16阶径向λ谐波 (b) 第1群第16阶轴向λ谐波

图 6-17 第 16 阶 λ 谐波空间分布

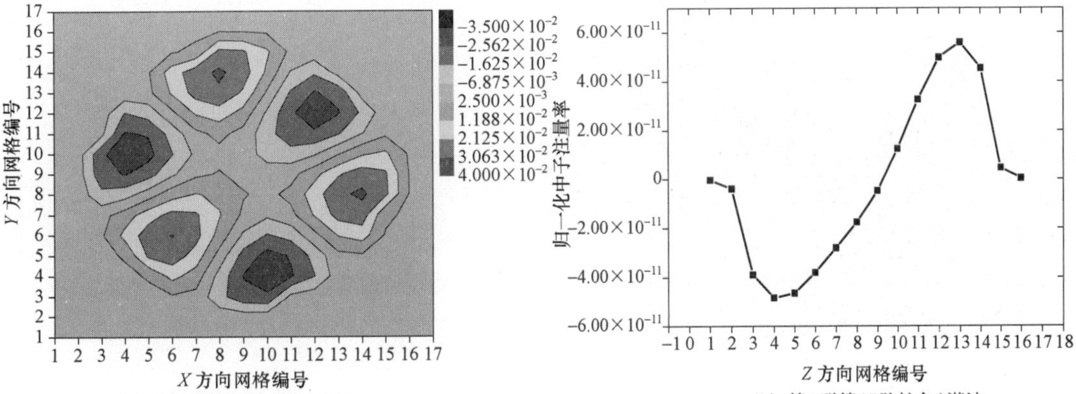

(a) 第1群第17阶径向λ谐波 (b) 第1群第17阶轴向λ谐波

图 6-18 第 17 阶 λ 谐波空间分布

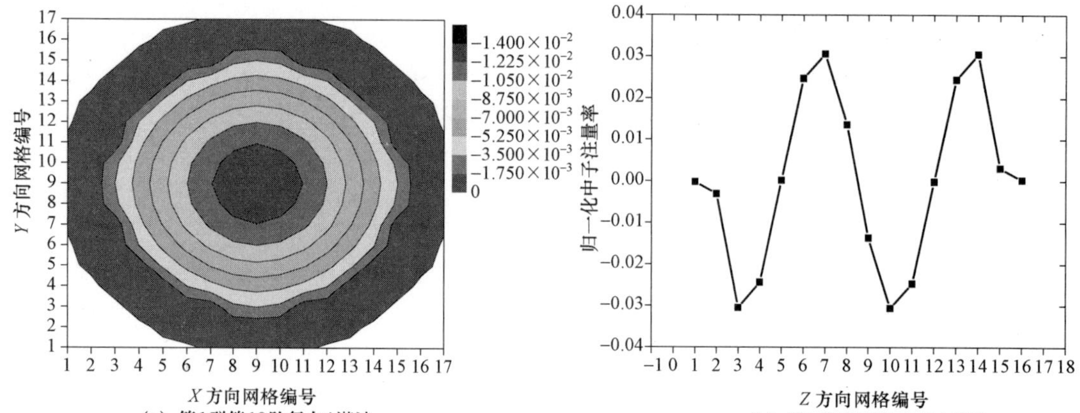

(a) 第1群第18阶径向λ谐波　(b) 第1群第18阶轴向λ谐波

图 6-19　第 18 阶 λ 谐波空间分布

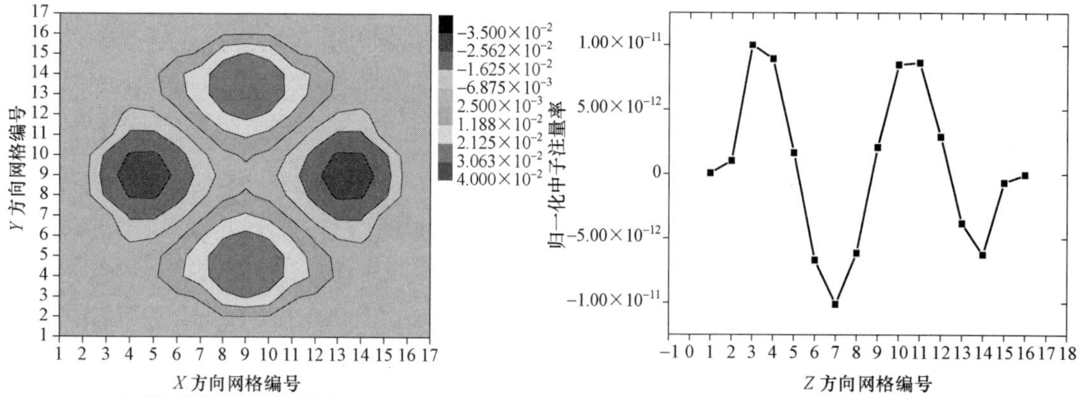

(a) 第1群第19阶径向λ谐波　(b) 第1群第19阶轴向λ谐波

图 6-20　第 19 阶 λ 谐波空间分布

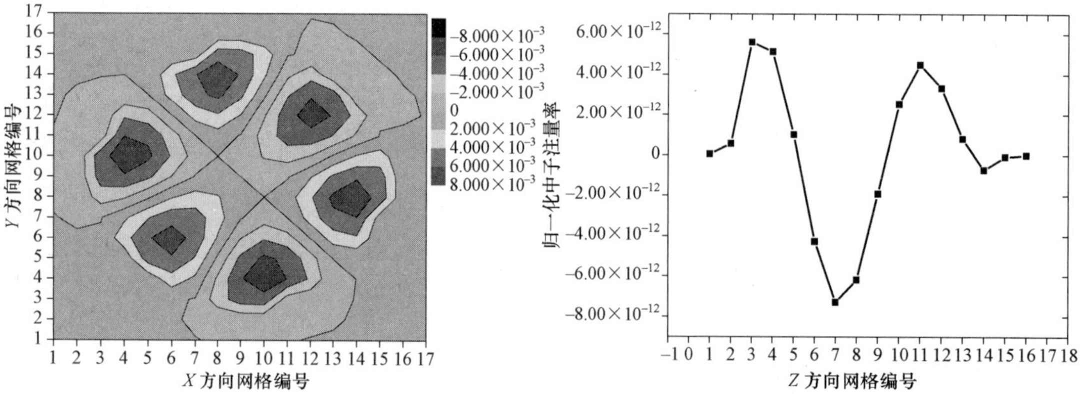

(a) 第1群第20阶径向λ谐波　(b) 第1群第20阶轴向λ谐波

图 6-21　第 20 阶 λ 谐波空间分布

根据图 6-2～图 6-21，抽象出 ADS 次临界反应堆第 1 群前 20 阶 λ 谐波的分布规律，如图 6-22 所示。

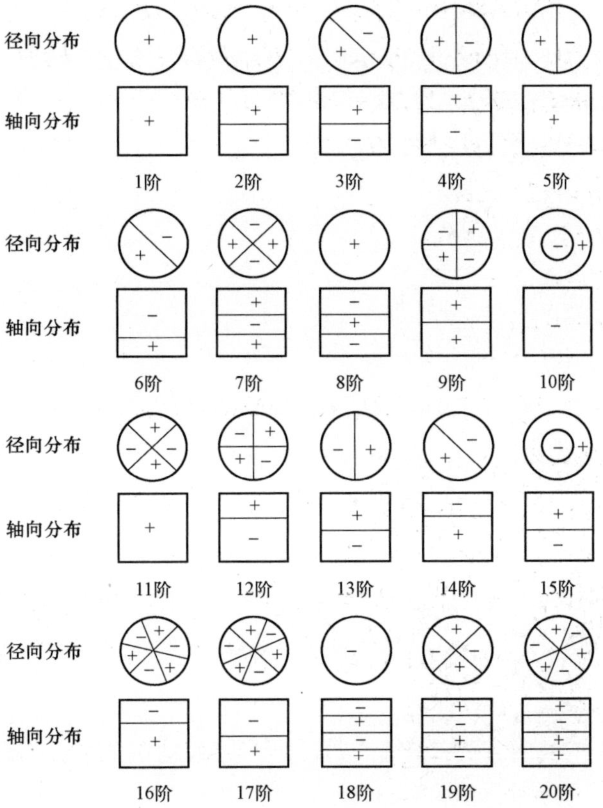

图 6-22 ADS 次临界反应堆前 20 阶 λ 谐波分布规律

从图 6-22 中可以看出，随着谐波阶数的增加，谐波空间分布总体趋势是变得更加复杂，但可以发现径向和轴向谐波空间分布的变化规律似乎有一种周期性，如第 1、2、8、18 阶，第 3、6、14 阶 λ 谐波径向分布和第 1、5、10、11 阶 λ 谐波轴向分布规律是相同的。从 SLAB_1D_1G 基准题的解析解可以看出，对于一维问题，第 n 阶谐波具有（$n-1$）个零点，但是图 6-22 所展示三维堆芯，这样的规律是不容易发现的，而谐波分布规律的研究已经超出目前本书的研究内容，可作为今后的研究课题之一。

6.3 ADS 次临界反应堆稳态物理特性的谐波展开分析

6.3.1 稳态中子注量率分布的直接计算

方程（3－9）写成多群形式为：

$$-\nabla\cdot D_g\nabla\phi_{s,g}+\Sigma_{t,g}\phi_{s,g}-\sum_{g'=1}^{G}\Sigma_{g'\to g}\phi_{s,g'}=\chi_g\sum_{g'=1}^{G}(\upsilon\Sigma_f)_{g'}\phi_{s,g'}+Q_{0,g} \tag{6-1}$$

对于三维 XYZ 几何，采用中心点差分，可得到如下差分方程：

$$
\begin{aligned}
& a_g(i,j,k)\phi_{s,g}(i,j,k-1)+b_g(i,j,k)\phi_{s,g}(i,j-1,k)+ \\
& \ c_g(i,j,k)\phi_{s,g}(i-1,j,k)+e_g(i,j,k)\phi_{s,g}(i,j,k)+ \\
& \ f_g(i,j,k)\phi_{s,g}(i+1,j,k)+h_g(i,j,k)\phi s,_g(i,j+1,k)+ \\
& \ m_g(i,j,k)\phi_{s,g}(i,j,k+1)-SS_g(i,j,k) \\
& =FS_g(i,j,k)+ES_g(i,j,k) \qquad (6\text{-}2)\\
& g=1,2,\cdots,G; \\
& i=1,2,\cdots,NX; \\
& j=1,2,\cdots,NY; \\
& k=1,2,\cdots,NZ
\end{aligned}
$$

其中：

$$ES_g(i,j,k)=Q_{0,g}(i,j,k)\Delta x(i)\Delta y(j)\Delta z(k) \qquad (6\text{-}3)$$

写成 SOR 迭代格式为：

$$
\phi_{s,g}^{(K)}(i,j,k)=\frac{\omega}{e_g(i,j,k)}\begin{bmatrix} ES_g(i,j,k)+FS_g^{(K-1)}(i,j,k)+SS_g^{(K-1)}(i,j,k) \\ -a_g(i,j,k)\phi_{s,g}^{(K)}(i,j,k-1)-b_g(i,j,k)\phi_{s,g}^{(K)}(i,j-1,k) \\ -c_g(i,j,k)\phi_{s,g}^{(K)}(i-1,j,k)-f_g(i,j,k)\phi_{s,g}^{(K-1)}(i+1,j,k) \\ -h_g(i,j,k)\phi_{s,g}^{(K-1)}(i,j+1,k)-m_g(i,j,k)\phi_{s,g}^{(K-1)}(i,j,k+1) \end{bmatrix}+ \qquad (6\text{-}4)
$$

$$(1-\omega)\phi_{s,g}^{(K-1)}(i,j,k)$$

为了进行 ADS 次临界反应堆稳态外中子源驱动的直接计算，编制了计算程序 ADS_STEADY，其计算流程如图 6-23 所示。

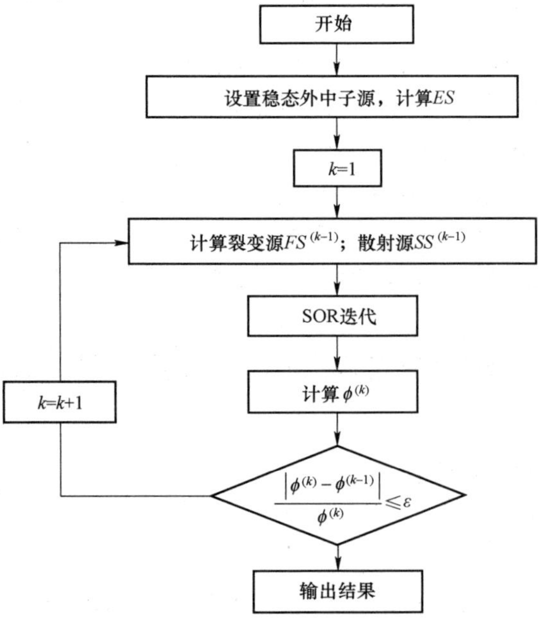

图 6-23　ADS_STEADY 程序计算流程

图 6-24 给出了由 HARMONY 程序计算得到的 ADS 次临界反应堆的 λ 基波。图 6-25～图 6-27 给出了由 ADS_STEADY 程序计算得到 ADS 次临界反应堆 $k_{\mathrm{eff}}=0.93$、0.96、0.99 时在稳态外中子源（源强为 1 $\mathrm{cm}^{-3}\cdot\mathrm{s}^{-1}$，位于第一能群）驱动下的稳态中子注量率分布。

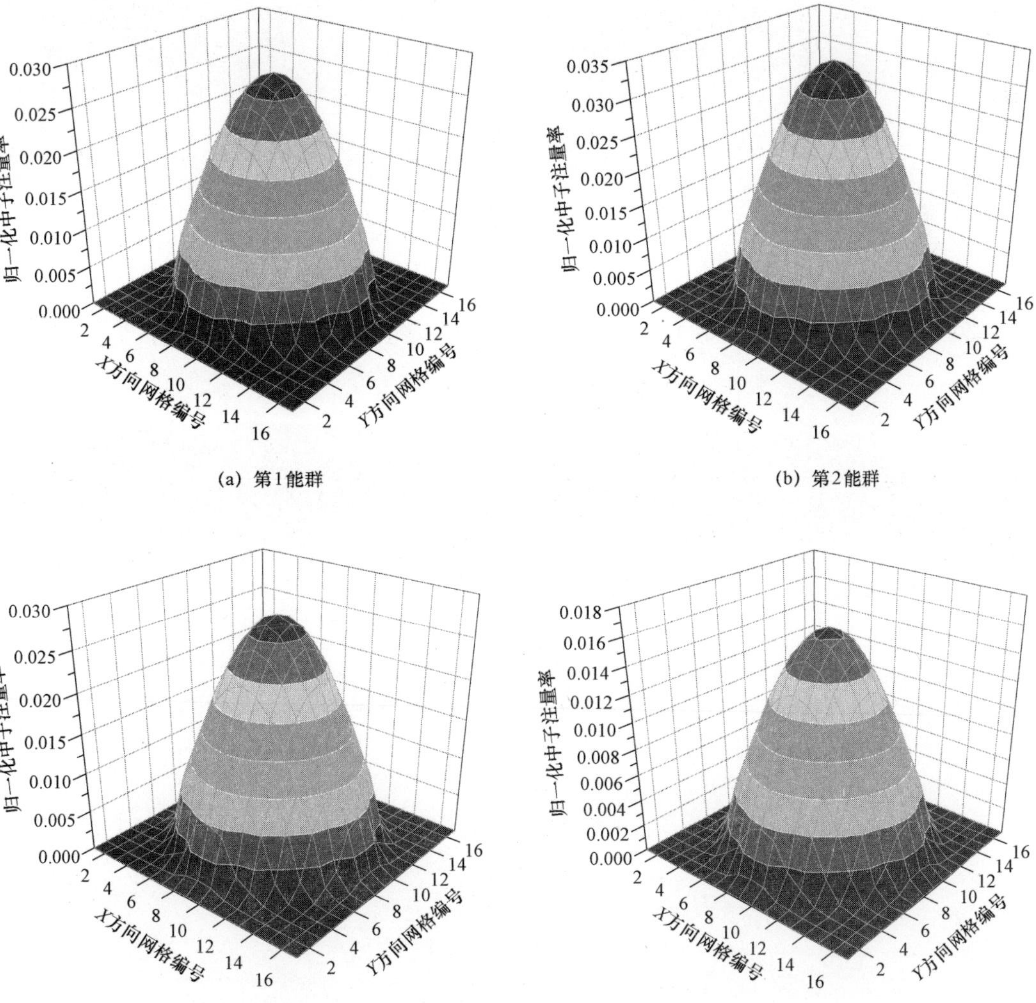

(a) 第1能群　(b) 第2能群

(c) 第3能群　(d) 第4能群

图 6-24　ADS 次临界反应堆 λ 基波

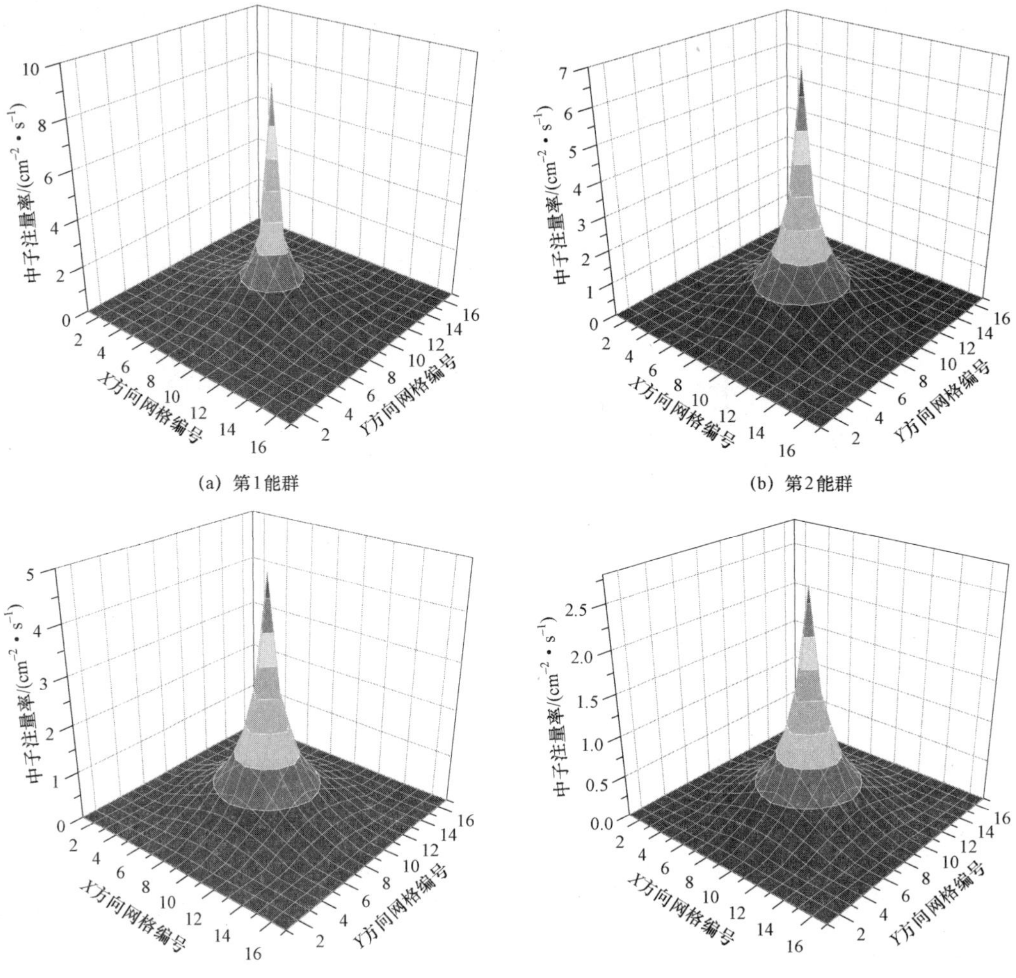

(a) 第1能群

(b) 第2能群

(c) 第3能群

(d) 第4能群

图 6-25　ADS 次临界反应堆稳态中子注量率（k_{eff}=0.93）

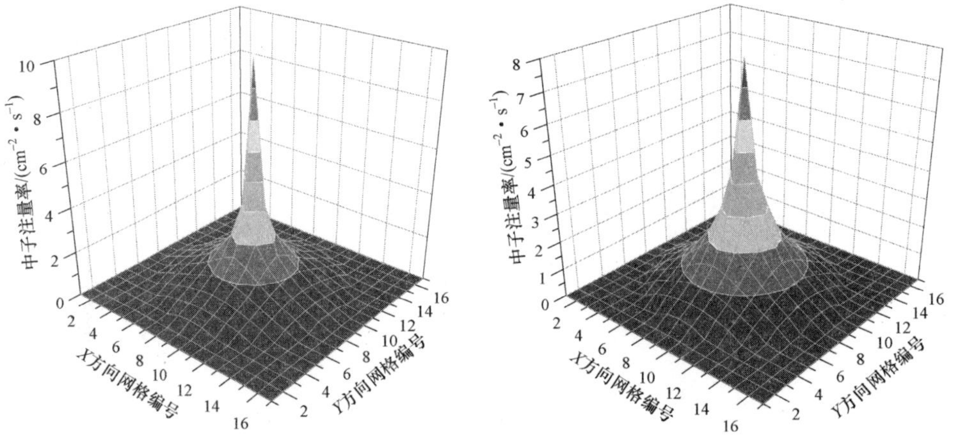

(a) 第1能群

(b) 第2能群

图 6-26　ADS 次临界反应堆稳态中子注量率（k_{eff}=0.96）

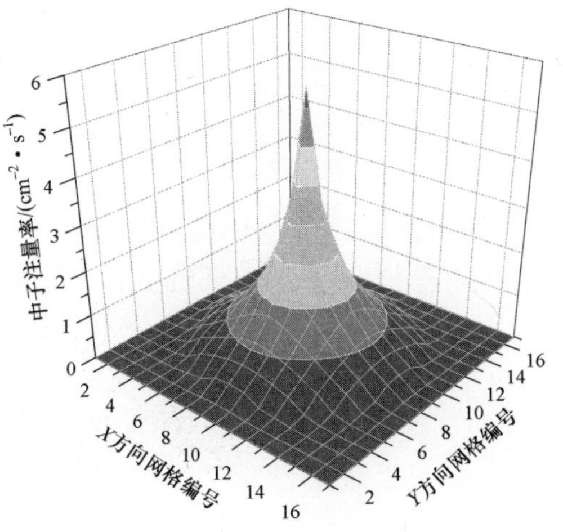

(c) 第3能群

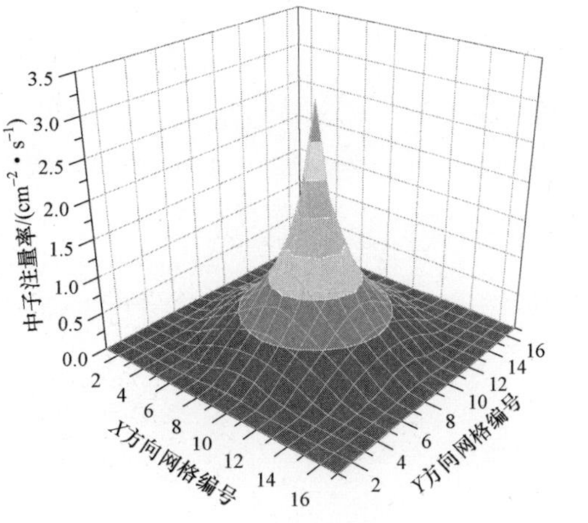

(d) 第4能群

图 6-26 ADS 次临界反应堆稳态中子注量率（$k_{\mathrm{eff}}=0.96$）（续）

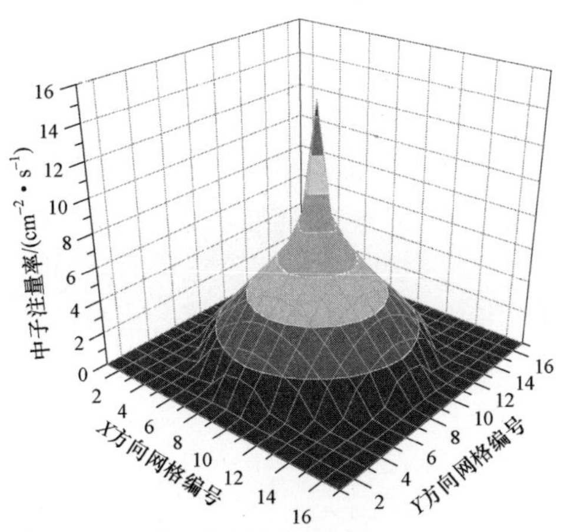

(a) 第1能群

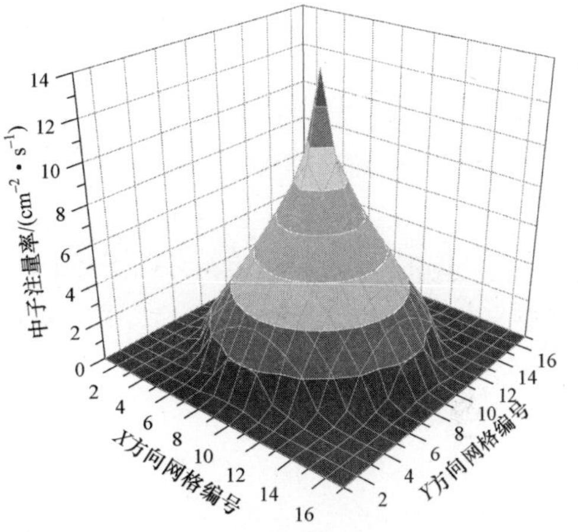

(b) 第2能群

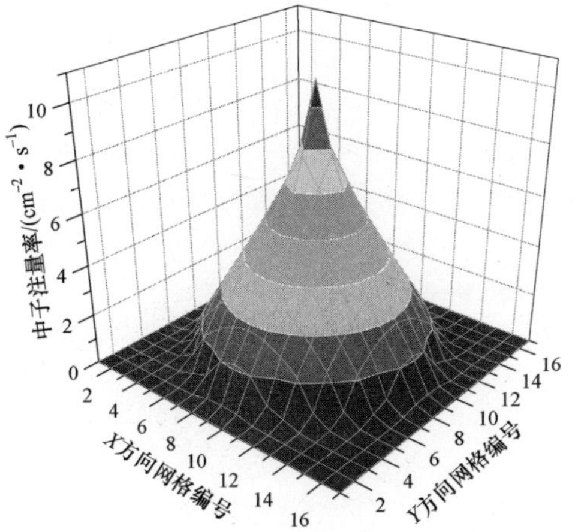

(c) 第3能群

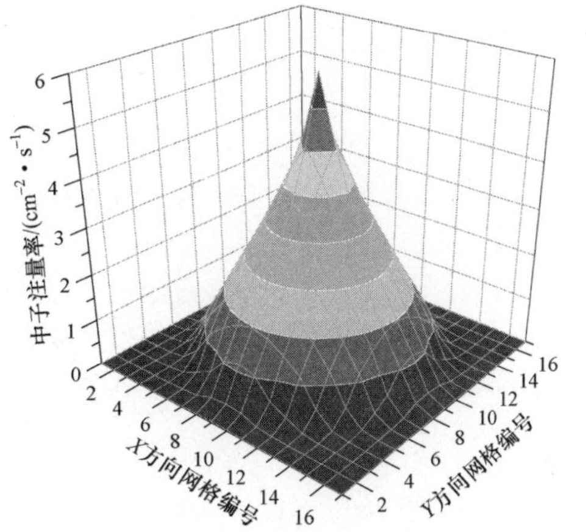

(d) 第4能群

图 6-27 ADS 次临界反应堆稳态中子注量率（$k_{\mathrm{eff}}=0.99$）

从图 6-25～图 6-27 中可以看出，随着次临界度的加深（k_{eff}减小），稳态外中子源驱动下的 ADS 次临界反应堆稳态中子注量率分布与 λ 基波分布的偏差越来越大，外中子源的影响范围也不断扩大。由方程（3-10）可知，随次临界度的增大，由于 ADS 次临界反应堆稳态中子注量率分布逐渐偏离 λ 基波分布，因此 k_s 与 k_{eff} 的差异不断增大。当 k_{eff} 逐渐趋近于 1 时，稳态中子注量率逐渐趋于 λ 基波分布，k_s 逐渐趋近 k_{eff}。这也说明对于深次临界度情况，外中子源的影响是主导的（即 Source Dominant），而在浅次临界度下，外中子源的影响是较小的，此时稳态中子注量率分布主要取决于 ADS 次临界反应堆自身的中子增殖特性。

此外从图 6-25～图 6-27 可以看出，对于稳态外中子源驱动的 ADS 次临界反应堆，外中子源附近的相对中子注量率分布是高于 λ 基波中子注量率分布的，并且次临界度越深，外中子源附近相对中子注量率分布越高。而位于反应堆中心的中子对于诱发裂变反应而言具有更高的“价值”，因此，可以作出随次临界度加深，k_s 与 k_{eff} 的正偏差将不断增大的推断。

6.3.2 稳态中子注量率分布的 λ 谐波重构

由 HARMONY 程序计算得到的 ADS 次临界反应堆前 200 阶 λ 谐波与共轭 λ 谐波，根据 3.3.1 节方程（3-40），由编制的谐波重构程序 HARM_RECON 计算出各阶 λ 谐波对 ADS 次临界反应堆稳态中子注量率的贡献$|A_n|$，结果见图 6-28 所示。

从图 6-28 中可以看出，在不同的次临界度下，λ 基波对 ADS 次临界反应堆稳态中子注量率的贡献总是最大的。从图 6-28 中还可以看出，对 ADS 次临界反应堆稳态中子注量率有贡献主要为 n=1，8，10，25，28，38，45，50，67，74，87，101，109，118，123，139，140，141，154，165，182，200 阶 λ 谐波；而 n=2，15，18，34，40，57，66，68，102，103，107，139，144，156，157，158，193 阶 λ 谐波贡献为零，并且可以看出随次临界度的加深，高阶 λ 谐波对 ADS 次临界反应堆稳态中子注量率的贡献越来越占主导地位，这也说明了 6.3.1 节中为什么随次临界加深，ADS 次临界反应堆稳态中子注量率分布逐渐偏离 λ 基波。

根据 3.3.1 节方程（3-41），由编制的谐波重构程序 HARM_RECON，利用 λ 谐波重构了 ADS 次临界反应堆的稳态中子注量率。λ 谐波重构得到的第 g 群 ADS 次临界反应堆稳态中子注量率与 ADS_STEADY 程序给出的直接计算结果的相对误差定义为：

$$Error_{g,\mathrm{rec}} = \frac{\left\langle (\phi_{g,\mathrm{rec}} - \phi_{g,\mathrm{ref}}), (\phi_{g,\mathrm{rec}} - \phi_{g,\mathrm{ref}}) \right\rangle}{\left\langle \phi_{g,\mathrm{ref}}, \phi_{g,\mathrm{ref}} \right\rangle} \tag{6-5}$$

式中：$\phi_{g,\mathrm{rec}}$ 为由 HARM_RECON 程序重构的第 g 群中子注量率；$\phi_{g,\mathrm{ref}}$ 为 ADS_STEADY 程序直接计算得到的参考中子注量率。

由 λ 谐波重构的 ADS 次临界反应堆稳态中子注量率的相对误差随谐波展开阶数的变化见图 6-29 所示。

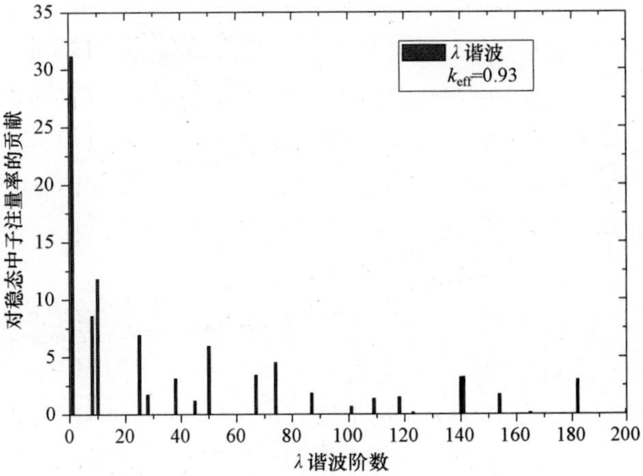

(a) $k_{\text{eff}} = 0.93$

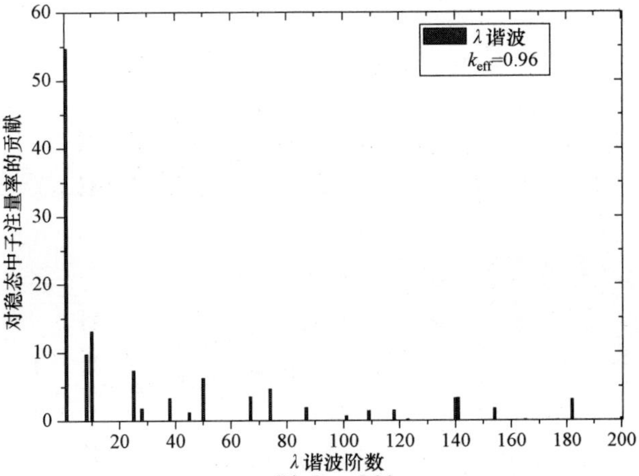

(b) $k_{\text{eff}} = 0.96$

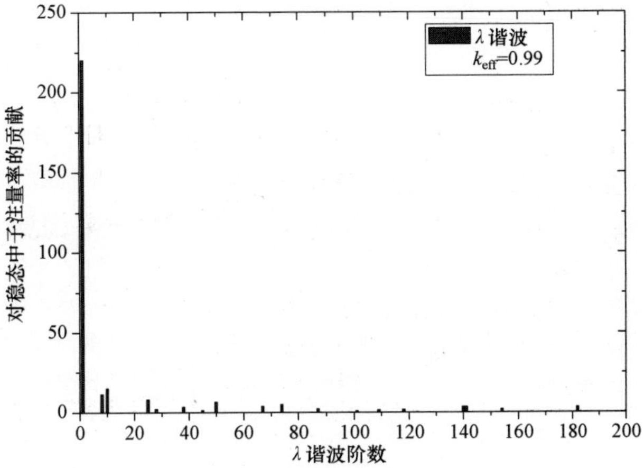

(c) $k_{\text{eff}} = 0.99$

图 6-28　λ 谐波对 ADS 次临界反应堆稳态中子注量率贡献

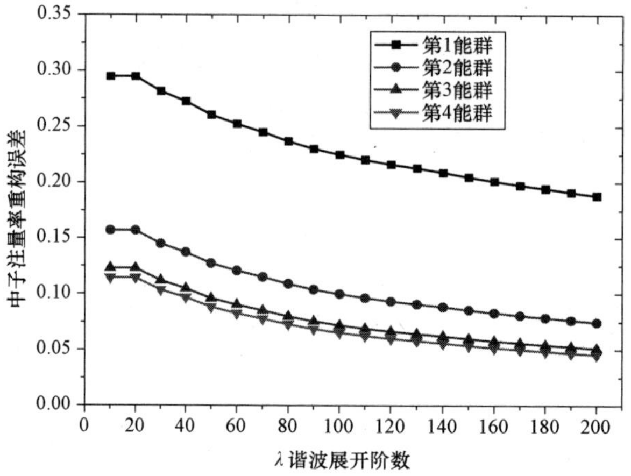

(a) $k_{\text{eff}}=0.93$

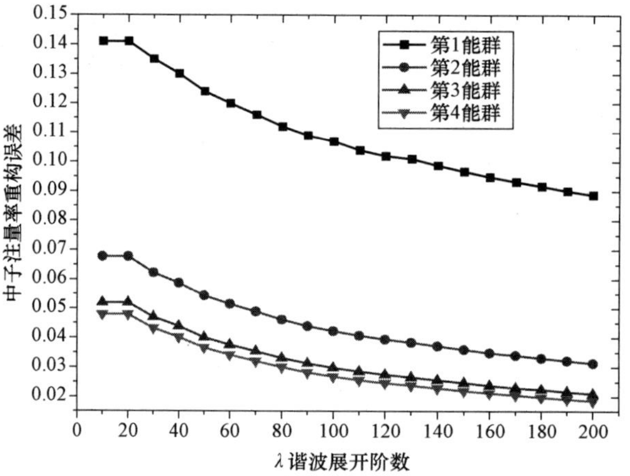

(b) $k_{\text{eff}}=0.96$

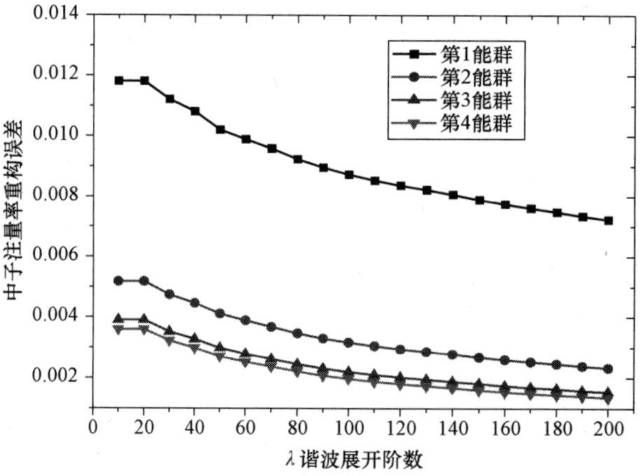

(c) $k_{\text{eff}}=0.99$

图 6-29 ADS 次临界反应堆稳态中子注量率重构误差随 λ 谐波展开阶数变化

从图 6-29 中可以看出，在不同的次临界度下，随谐波展开阶数的增加，λ 谐波重构的 ADS 次临界反应堆稳态中子注量率相对误差逐渐减小；对于同一次临界度和相同的谐波展开阶数，λ 谐波重构的 ADS 次临界反应堆稳态中子注量率的相对误差总是随能群标号的增加而减小（即第 1 能群的相对误差总是最大的），其中的原因是外中子源位于第 1 能群，要获得足够的中子注量率重构精度理论上需要非常多阶 λ 谐波。

表 6-4 表明，采用前 200 阶 λ 谐波进行 ADS 次临界反应堆稳态中子注量率重构时，对于 $k_{eff}=0.99$，最大相对误差仅为 0.722 17%；而对于 $k_{eff}=0.93$，最大相对误差为 18.839%，且均在第 1 能群。通常 ADS 次临界反应堆的 $k_{eff}=0.95\sim0.98$ 之间，因此可以认为采用前 200 阶 λ 谐波对 ADS 稳态中子注量率进行重构，相对误差是可以接受的。

表 6-4　前 200 阶 λ 谐波展开下的各群中子注量率的重构误差

k_{eff}	稳态中子注量率重构误差			
	第 1 群	第 2 群	第 3 群	第 4 群
0.93	$1.883\,88\times10^{-1}$	$7.481\,73\times10^{-2}$	$5.135\,40\times10^{-2}$	$4.575\,03\times10^{-2}$
0.96	$8.870\,16\times10^{-2}$	$3.138\,45\times10^{-2}$	$2.101\,72\times10^{-2}$	$1.859\,86\times10^{-2}$
0.99	$7.221\,71\times10^{-3}$	$2.330\,79\times10^{-3}$	$1.535\,60\times10^{-3}$	$1.352\,24\times10^{-3}$

图 6-30～图 6-32 给出了前 200 阶 λ 谐波重构下的 ADS 次临界反应堆稳态中子注量率。比较图 6-25～图 6-27 可以看出，除了外中子源区域外，其他区域的 λ 谐波重构中子注量率与参考结果吻合较好。

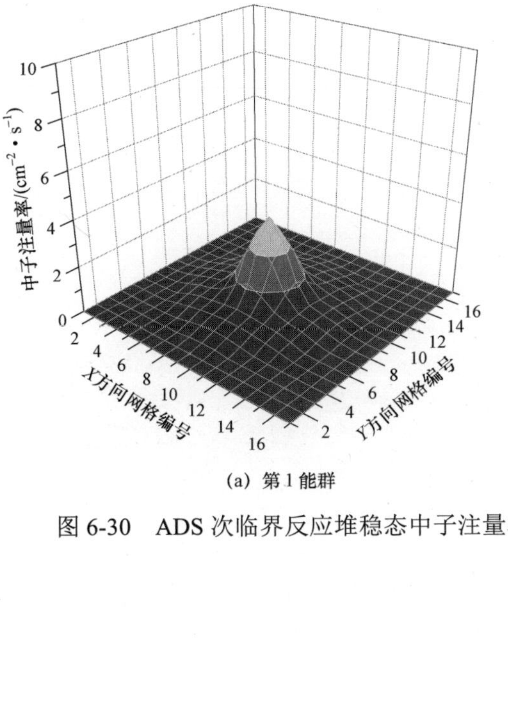

(a) 第 1 能群

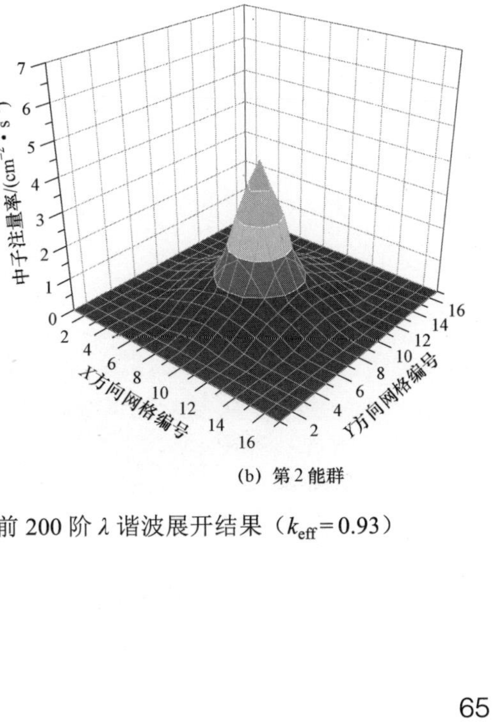

(b) 第 2 能群

图 6-30　ADS 次临界反应堆稳态中子注量率的前 200 阶 λ 谐波展开结果（$k_{eff}=0.93$）

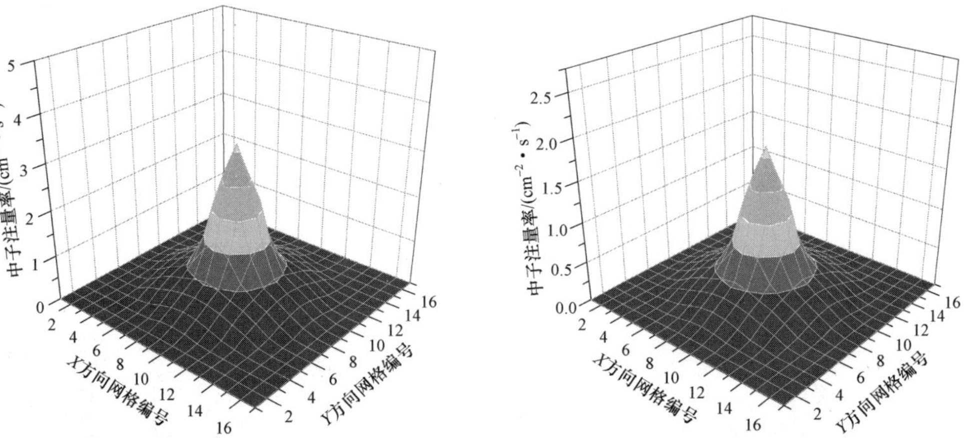

(c) 第 3 能群　　(d) 第 4 能群

图 6-30　ADS 次临界反应堆稳态中子注量率的前 200 阶 λ 谐波展开结果（$k_{\mathrm{eff}}=0.93$）（续）

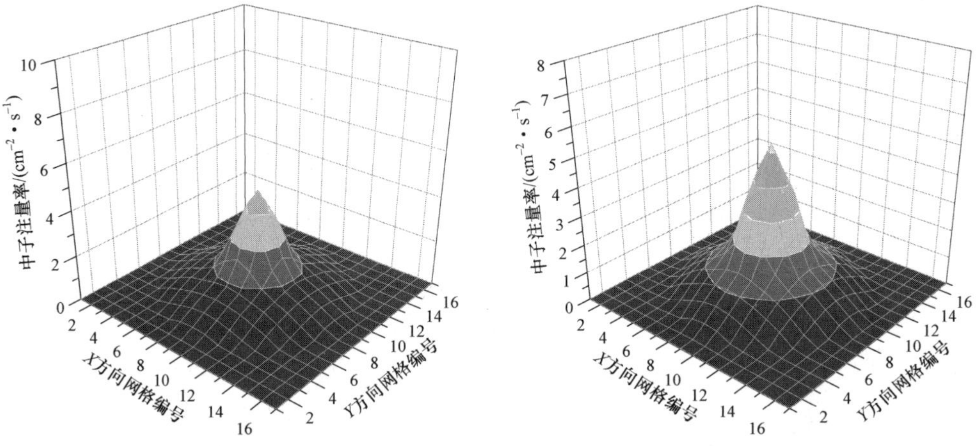

(a) 第 1 能群　　(b) 第 2 能群

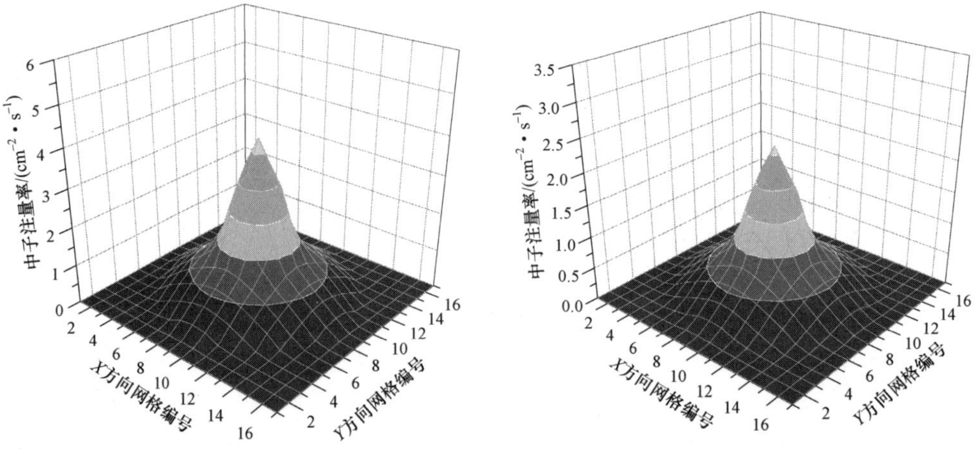

(c) 第 3 能群　　(d) 第 4 能群

图 6-31　ADS 次临界反应堆稳态中子注量率的前 200 阶 λ 谐波展开结果（$k_{\mathrm{eff}}=0.96$）

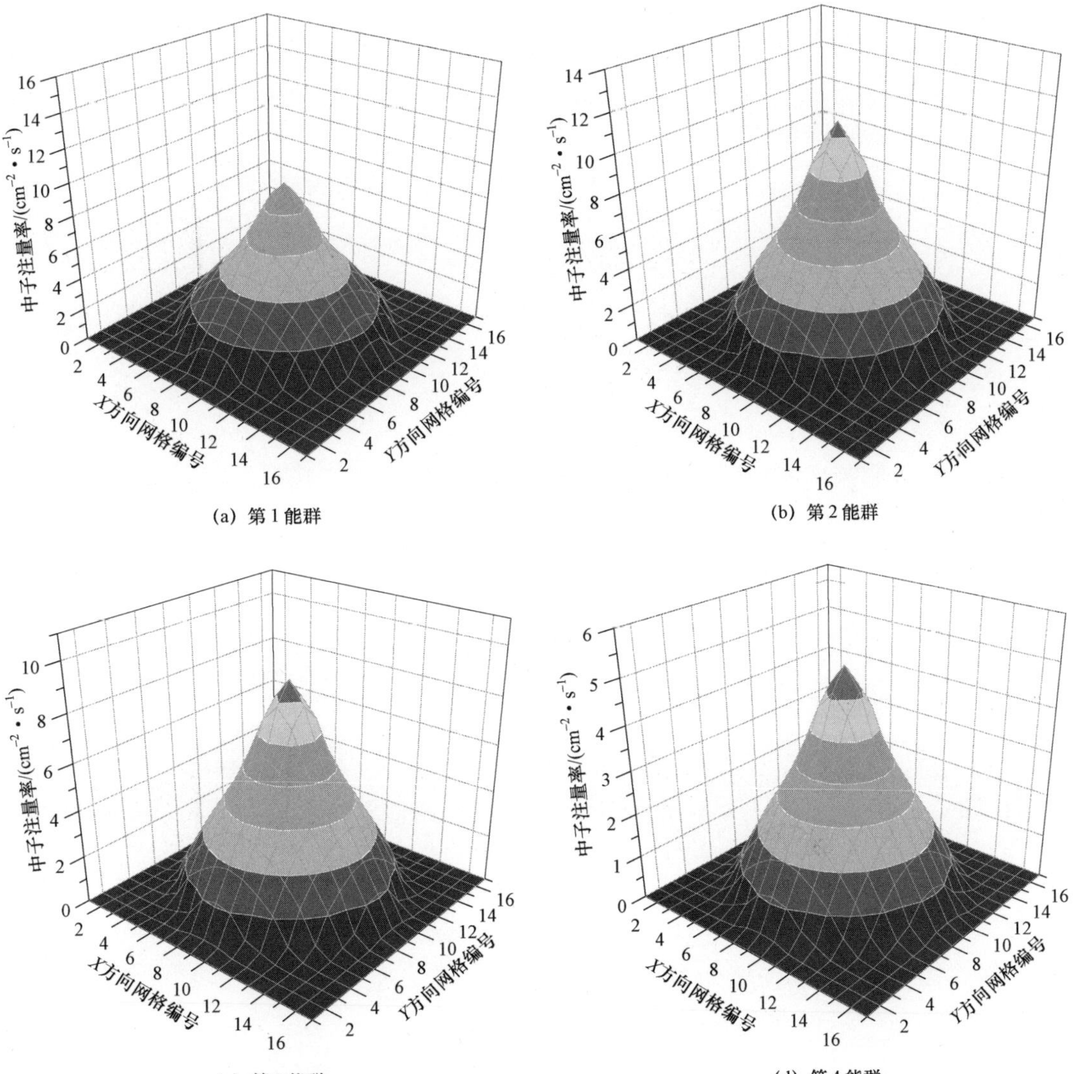

(a) 第1能群 (b) 第2能群 (c) 第3能群 (d) 第4能群

图 6-32 ADS 次临界反应堆稳态中子注量率的前 200 阶 λ 谐波展开结果（$k_{\mathrm{eff}}=0.99$）

6.3.3 外中子源有效增殖系数 k_s 的 λ 谐波展开分析

利用 3.1.3 节方程（3－10），由 HARM_RECON 程序重构得到的中子注量率计算得到 k_s，k_s 随 λ 谐波展开阶数的变化如图 6-33 所示。

从图 6-33 中可以看出，在不同次临界度下，k_s 随 λ 谐波展开阶数增加均出现先增大后减小并逐渐稳定的趋势，当 λ 谐波展开阶数达到 150 阶后，k_s 基本不再变化。

表 6-5 给出了在前 200 阶 λ 谐波展开下的 k_s 和 ADS_STEADY 给出的参考结果之间的比较，可以看出，采用前 200 阶 λ 谐波重构的 ADS 次临界反应堆稳态中子注量率计算得到 k_s 已经与参考计算结果非常接近，相对误差小于 1.0×10^{-4}。

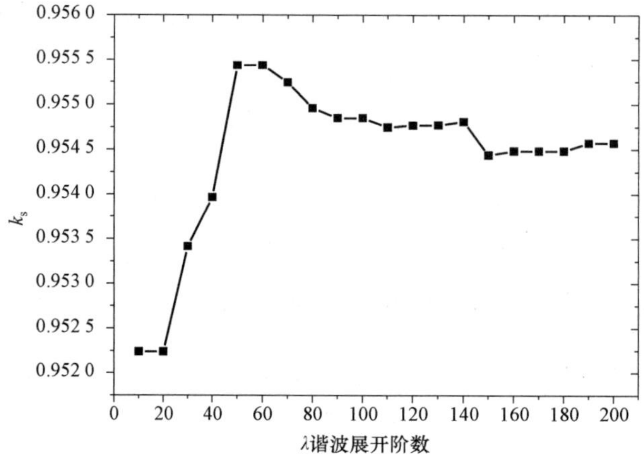

(a) $k_{eff}=0.93$

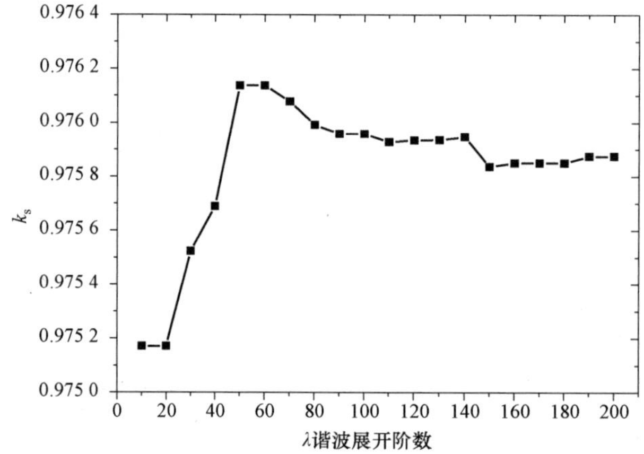

(b) $k_{eff}=0.96$

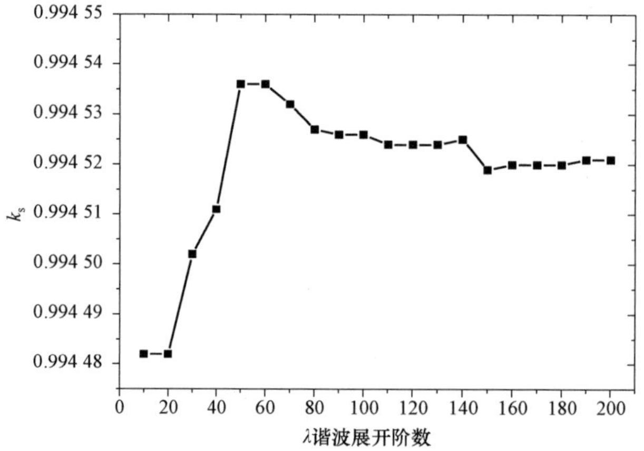

(c) $k_{eff}=0.99$

图 6-33　k_s 随 λ 谐波展开阶数的变化

表 6-5 k_s 的前 200 阶 λ 谐波重构结果与参考结果比较

k_{eff}	k_s		相对误差
	参考结果	λ 谐波重构	
0.93	$9.546\,6\times10^{-1}$	$9.545\,7\times10^{-1}$	$-9.113\,2\times10^{-5}$
0.96	$9.759\,0\times10^{-1}$	$9.758\,8\times10^{-1}$	$-2.664\,2\times10^{-5}$
0.99	$9.945\,2\times10^{-1}$	$9.945\,2\times10^{-1}$	$-1.005\,5\times10^{-6}$

6.3.4 稳态中子注量率分布的瞬发 α 谐波重构

采用 HARMONY 程序计算了 ADS 次临界反应堆的前 200 阶瞬发 α 谐波和共轭瞬发 α 谐波，根据 3.3.2 节方程（3−46），由编制的谐波重构程序 HARM_RECON 计算出各阶瞬发 α 谐波对 ADS 次临界反应堆稳态中子注量率的贡献 $|B_n|$，结果见图 6-34 所示。

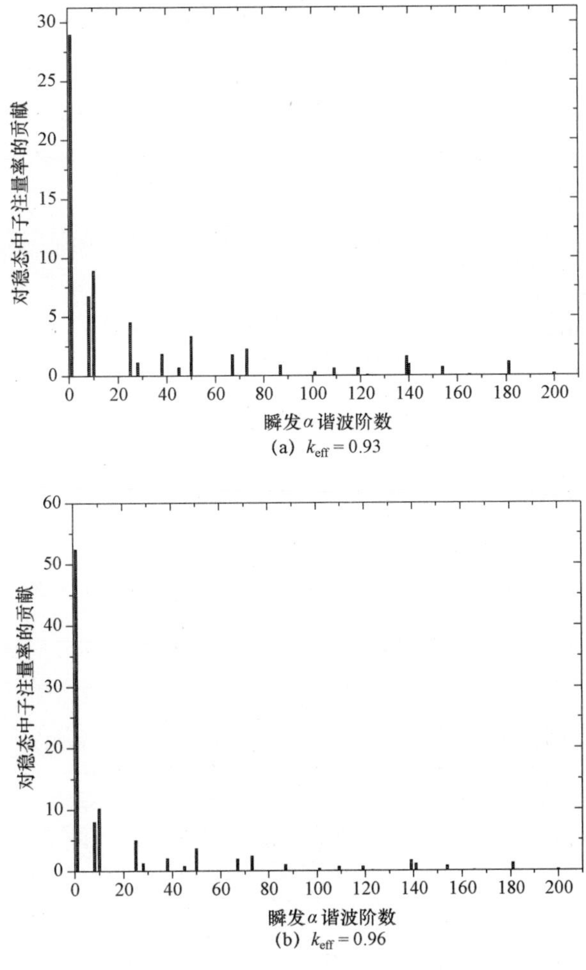

图 6-34 瞬发 α 谐波对 ADS 次临界反应堆稳态中子注量率贡献

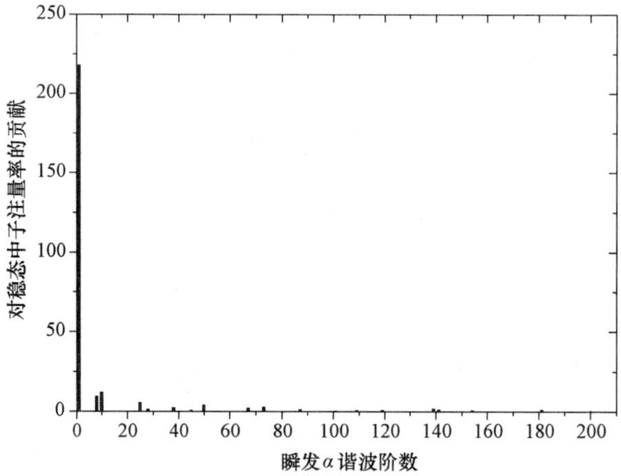

(c) $k_{\text{eff}}=0.99$

图 6-34　瞬发 α 谐波对 ADS 次临界反应堆稳态中子注量率贡献（续）

从图 6-34 中可以看出，与 λ 谐波相同，在不同的次临界度下，瞬发 α 基波对 ADS 次临界反应堆稳态中子注量率的贡献总是最大的。从图 6-34 中还可以看出，对 ADS 次临界反应堆稳态中子注量率有贡献主要为 $n=1$，8，10，25，28，38，45，50，67，74，87，101，109，118，123，139，140，141，154，165，182，200 阶瞬发 α 谐波；而 $n=2$，15，18，34，40，57，66，68，102，103，105，144，156，157，158，191 阶瞬发 α 谐波贡献为零。同时从图 6-34 可以看，随次临界度的加深，高阶瞬发 α 谐波的相对贡献逐渐增加。

由瞬发 α 谐波重构的 ADS 次临界反应堆稳态中子注量率的相对误差随谐波展开阶数的变化趋势与 λ 谐波重构相同，见图 6-35 所示。

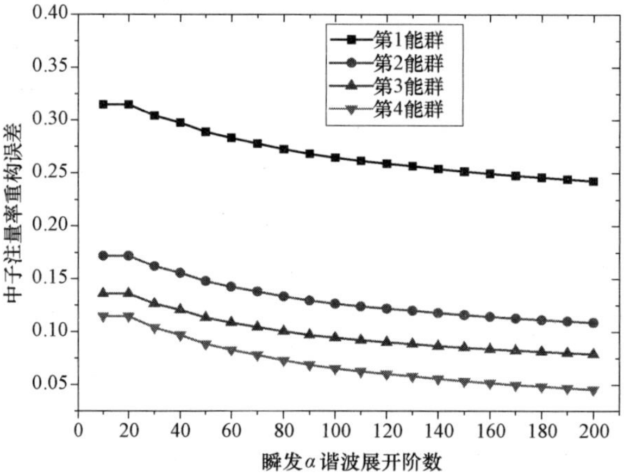

(a) $k_{\text{eff}}=0.93$

图 6-35　ADS 次临界反应堆稳态中子注量率重构误差随瞬发 α 谐波展开阶数变化

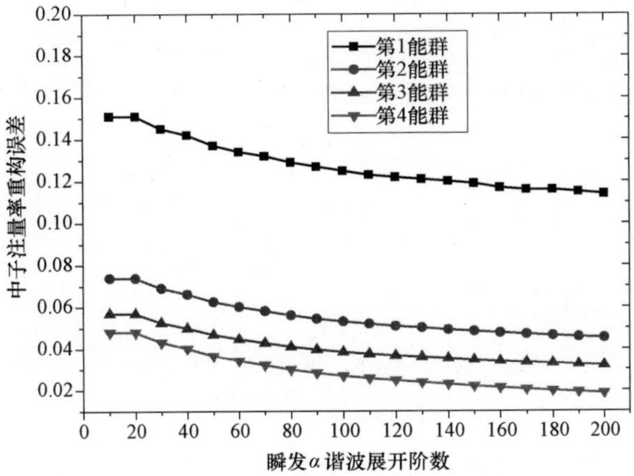

(b) $k_{eff}=0.96$

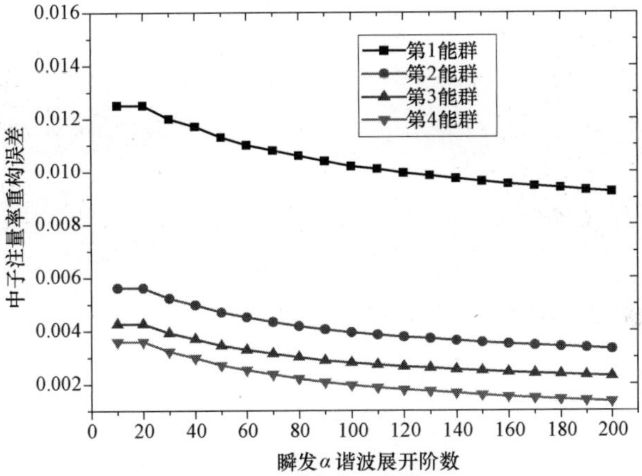

(c) $k_{eff}=0.99$

图 6-35　ADS 次临界反应堆稳态中子注量率重构误差随瞬发 α 谐波展开阶数变化（续）

表 6-6 给出了在前 200 阶瞬发 α 谐波展开下的 ADS 次临界反应堆稳态中子注量率的重构误差。

表 6-6　前 200 阶瞬发 α 谐波展开下的各群中子注量率的重构误差

k_{eff}	稳态中子注量率重构误差			
	第 1 群	第 2 群	第 3 群	第 4 群
0.93	$2.426\ 5\times10^{-1}$	$1.088\ 9\times10^{-1}$	$7.920\ 8\times10^{-1}$	$4.563\ 0\times10^{-2}$
0.96	$1.139\ 2\times10^{-1}$	$4.525\ 4\times10^{-2}$	$3.197\ 7\times10^{-2}$	$1.860\ 9\times10^{-2}$
0.99	$9.239\ 9\times10^{-3}$	$3.324\ 9\times10^{-3}$	$2.301\ 0\times10^{-3}$	$1.353\ 4\times10^{-3}$

表 6-6 中表明，与 λ 谐波相同，瞬发 α 谐波重构中子注量率的相对误差随次临界度的减小而减小，对于 $k_{\mathrm{eff}}=0.99$，重构中子注量率的最大相对误差为 0.923 99%；而对于 $k_{\mathrm{eff}}=0.93$，重构中子注量率的最大相对误差为 24.265%。此外，比较表 6-4、表 6-6 还可以发现，在相同的谐波展开阶数下，采用 λ 谐波进行稳态中子注量率重构具有更高的精度。

图 6-36～图 6-38 给出了前 200 阶瞬发 α 谐波展开下的 ADS 次临界反应堆稳态中子注量率。

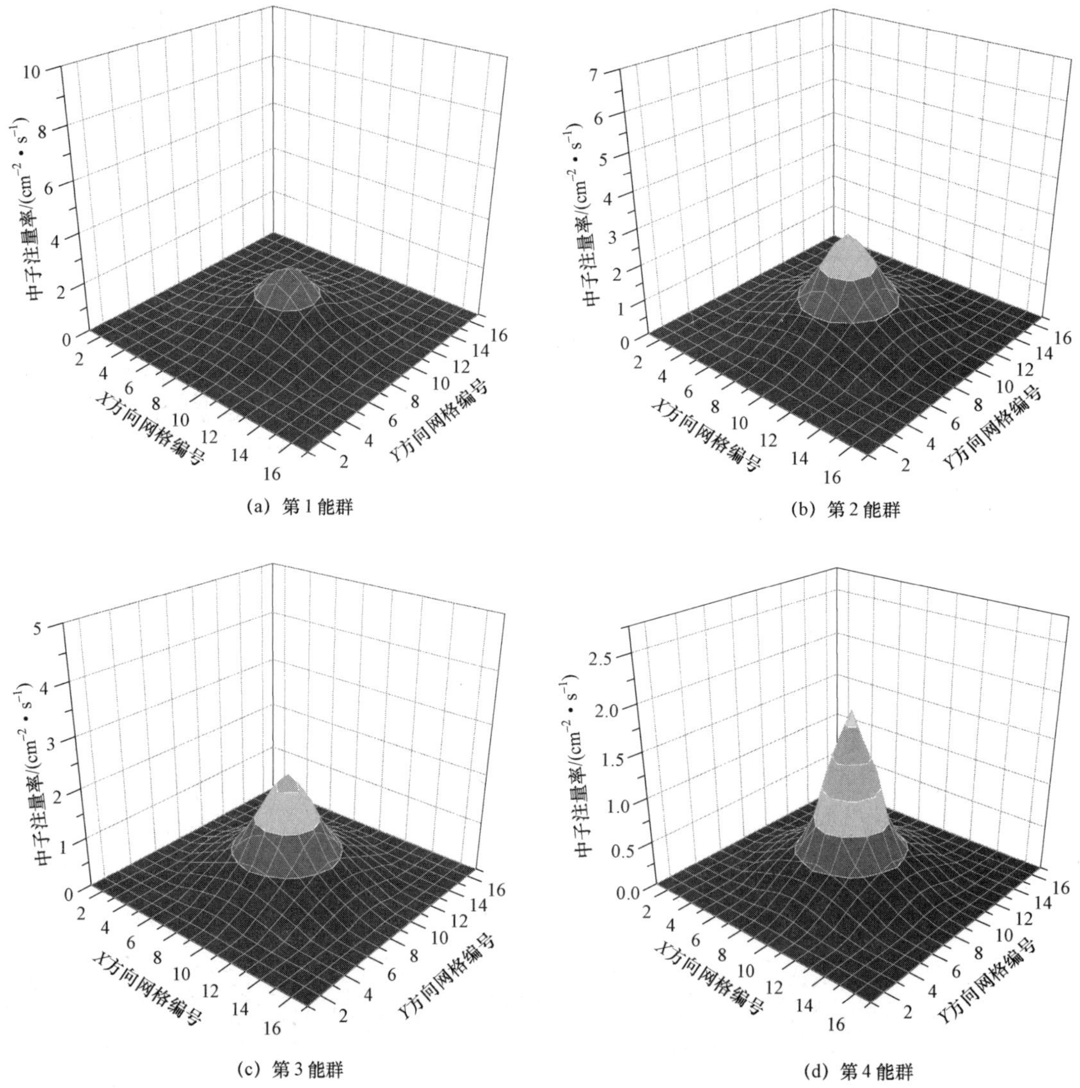

图 6-36　ADS 次临界反应堆稳态中子注量率的前 200 阶瞬发 α 谐波展开结果（$k_{\mathrm{eff}}=0.93$）

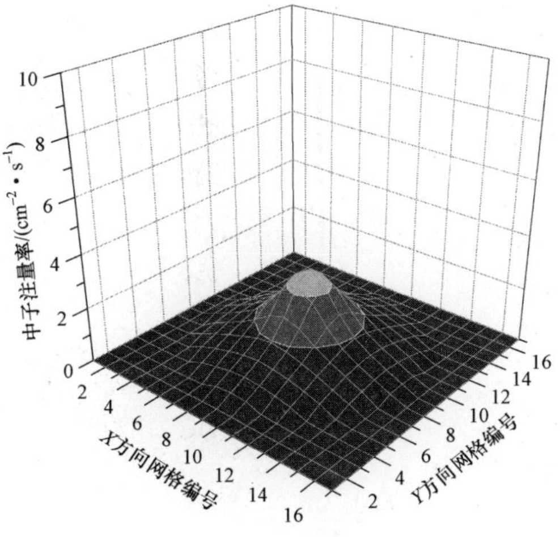

(a) 第 1 能群

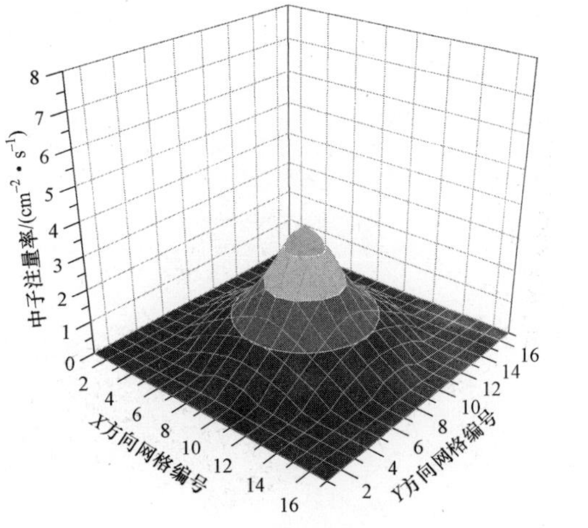

(b) 第 2 能群

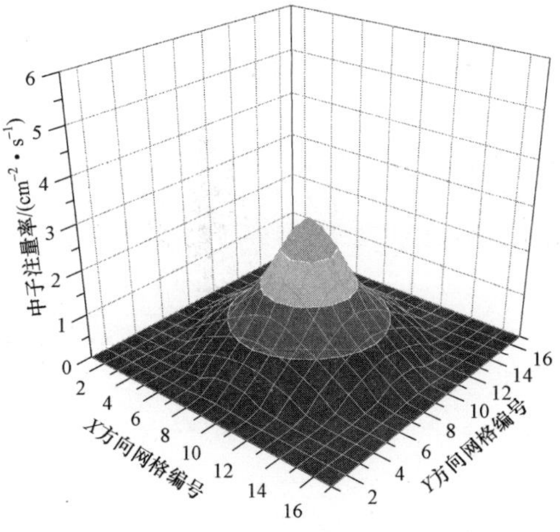

(c) 第 3 能群

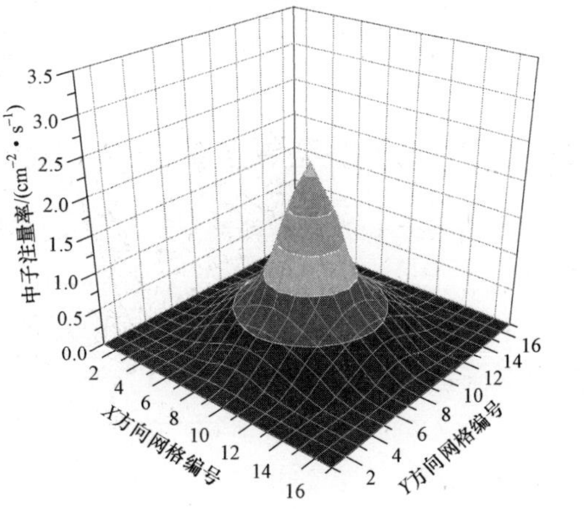

(d) 第 4 能群

图 6-37 ADS 次临界反应堆稳态中子注量率的前 200 阶瞬发 α 谐波展开结果（$k_{eff}=0.96$）

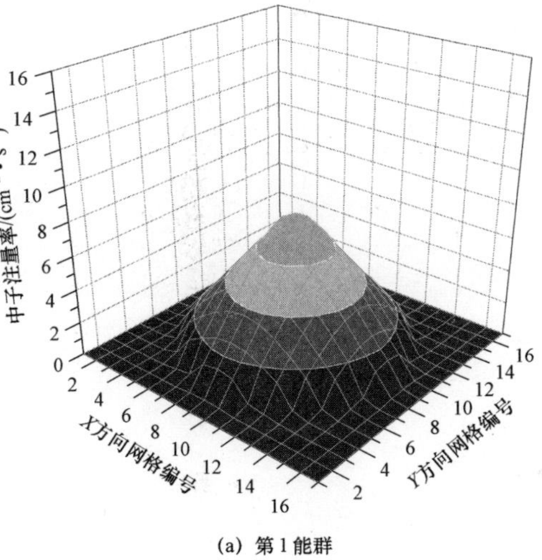

(a) 第 1 能群

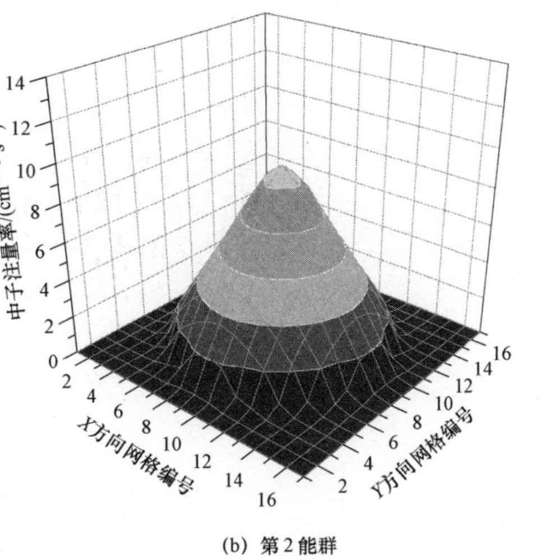

(b) 第 2 能群

图 6-38 ADS 次临界反应堆稳态中子注量率的前 200 阶瞬发 α 谐波展开结果（$k_{eff}=0.99$）

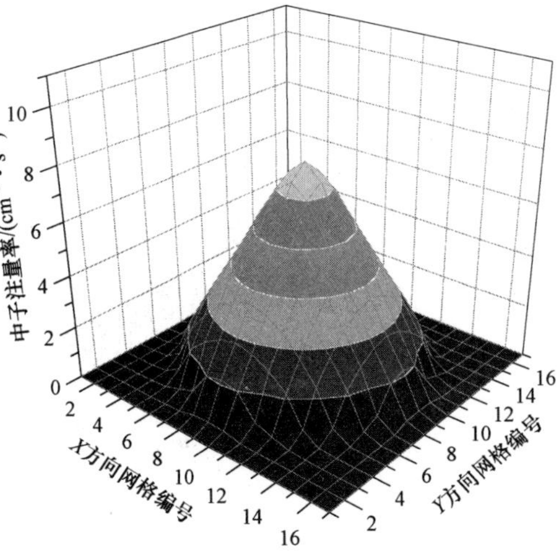

(c) 第 3 能群

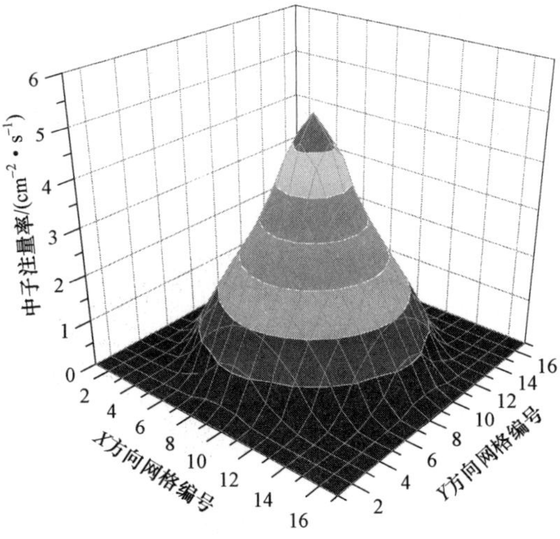

(d) 第 4 能群

图 6-38　ADS 次临界反应堆稳态中子注量率的前 200 阶瞬发 α 谐波展开结果（$k_{eff}=0.99$）（续）

6.3.5　外中子源有效增殖系数 k_s 的瞬发 α 谐波展开分析

利用 3.1.3 节方程（3－10），由 HARM_RECON 程序重构的中子注量率计算 k_s，k_s 随瞬发 α 谐波展开阶数的变化见图 6-39 所示。

从图 6-39 中可以看出，在不同次临界度下，k_s 随瞬发 α 谐波展开阶数增加的变化趋势与 λ 谐波展开相同。

表 6-7 给出了在前 200 阶瞬发 α 谐波展开下的 k_s 和 ADS_STEADY 给出的参考结果之间的比较，两者的相对误差小于 1.0×10^{-3}，略大于 λ 谐波展开。

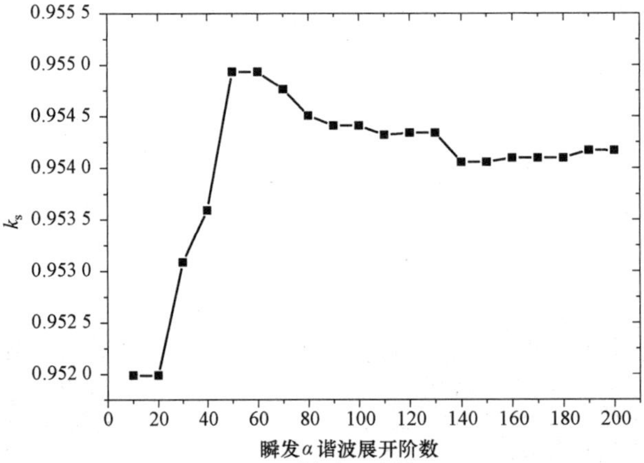

(a) $k_{eff}=0.93$

图 6-39　k_s 随瞬发 α 谐波展开阶数的变化

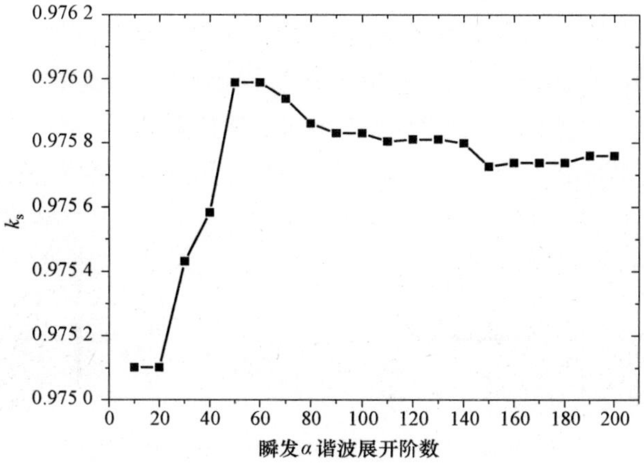

(b) $k_{eff}=0.96$

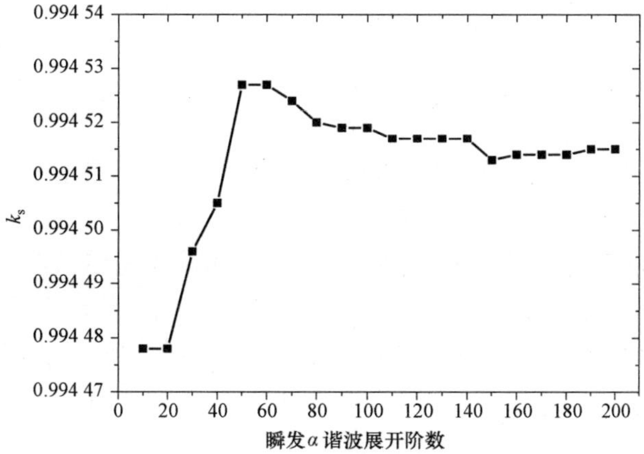

(c) $k_{eff}=0.99$

图 6-39 k_s 随瞬发 α 谐波展开阶数的变化（续）

表 6-7 k_s 的前 200 阶瞬发 α 谐波重构结果与参考结果的比较

k_{eff}	k_s		相对误差
	参考结果	瞬发 α 谐波展开	
0.93	$9.546\ 58\times10^{-1}$	$9.541\ 71\times10^{-1}$	$-5.101\ 30\times10^{-4}$
0.96	$9.759\ 01\times10^{-1}$	$9.757\ 59\times10^{-1}$	$-1.455\ 07\times10^{-4}$
0.99	$9.945\ 22\times10^{-1}$	$9.945\ 15\times10^{-1}$	$-7.038\ 56\times10^{-6}$

通过调节参考堆芯的 $\upsilon\Sigma_f$，建立了 k_{eff}=0.93、0.96、0.99 三种典型次临界度的 ADS 次临界反应堆三维四群确定论计算模型。采用 HARMONY 程序计算了 ADS 次临界反应堆的前 200 阶 λ、瞬发 α 谐波和共轭谐波及其本征值，并给出了前 20 阶 λ 谐波的空间分布特性；利用谐波重构程序 HARM_RECON 重构了 ADS 次临界反应堆稳态中子注量率分布，并与 ADS_STEADY 程序给出的参考结果进行了比较。结果表明：对于 ADS 次临界反应堆

稳态外中子源驱动问题，在相同的谐波展开阶数下，采用 λ 谐波具有更高的中子注量率重构精度；稳态中子注量率的谐波重构精度随次临界的减小而提高，对于 k_{eff}=0.93、0.96、0.99，采用前 200 阶 λ 谐波进行稳态中子注量率重构，各能群的最大相对误差分别为 $1.883\,9\times10^{-1}$、$8.870\,2\times10^{-2}$、$7.221\,7\times10^{-3}$（均为第 1 能群），最小分别为 $4.575\,0\times10^{-2}$、$1.859\,9\times10^{-2}$、$1.352\,2\times10^{-3}$（均为第 4 能群）；k_s 随谐波展开阶数增加呈现先增大后减小的趋势，在谐波展开阶数大于 150 后趋于稳定，由前 200 阶 λ 谐波重构的稳态中子注量率计算出的 k_s 与参考结果的相对误差分别为 $-9.113\,2\times10^{-5}$、$-2.664\,2\times10^{-5}$、$-1.005\,5\times10^{-6}$。

参考文献

[1] Yan Cao. SPACE-TIME KINETICS AND TIME-EIGENFUNCTIONS [D]. University of Michigan，2008.

第 7 章

ADS 次临界反应堆脉冲中子源响应特性的谐波展开研究

7.1 脉冲中子源驱动瞬发中子注量率时空特性

7.1.1 瞬发中子注量率时空特性直接计算

在仅考虑瞬发中子的情况下，非稳态外中子源驱动下 ADS 次临界反应堆中子时空动力学方程可写成多群形式：

$$\begin{aligned}\frac{1}{v_g}\frac{\partial\phi_g(r,t)}{\partial t}=&\nabla\bullet D_g(r)\nabla\phi_g(r,t)-\Sigma_{t,g}(r)\phi_g(r,t)+\sum_{g'=1}^{G}\Sigma_{g'\to g}\phi_{g'}(r,t)+\\&(1-\beta)\chi_{p,g}\sum_{g'=1}^{G}(\upsilon\Sigma_f)_{g'}(r)\phi_{g'}(r,t)+Q_g(r,t)\end{aligned}\tag{7-1}$$

对方程（7-1）中的时间变量 t 采用隐式向后 Euler 差分，有：

$$\begin{aligned}\frac{1}{v_g}\frac{\phi_g(r,t_{i+1})-\phi_g(r,t_i)}{t_{i+1}-t_i}=&\nabla\bullet D_g(r)\nabla\phi_g(r,t_{i+1})-\Sigma_{t,g}(r)\phi_g(r,t_{i+1})+\\&\sum_{g'=1}^{G}\Sigma_{g'\to g}\phi_{g'}(r,t_{i+1})+(1-\beta)\chi_{p,g}\sum_{g'=1}^{G}(\upsilon\Sigma_f)_{g'}(r)\phi_{g'}(r,t_{i+1})+Q_g(r,t_{i+1})\end{aligned}\tag{7-2}$$

方程（7-2）表明，在计算进行 t_{i+1} 时刻中子注量率计算时，t_i 时刻的中子注量率已经求出，并且 $Q_g(r,t_{i+1})$ 也是已知的。因此，可将方程（7-2）转化成固定源问题：

$$\begin{aligned}&\left(\frac{1}{v_g}\frac{1}{t_{i+1}-t_i}\right)\bullet\phi_g(r,t_{i+1})-\nabla\bullet D_g(r)\nabla\phi_g(r,t_{i+1})+\Sigma_{t,g}(r)\phi_g(r,t_{i+1})-\\&\sum_{g'=1}^{G}\Sigma_{g'\to g}\phi_{g'}(r,t_{i+1})-(1-\beta)\chi_{p,g}\sum_{g'=1}^{G}(\upsilon\Sigma_f)_{g'}(r)\phi_{g'}(r,t_{i+1})\\&=Q_g(r,t_{i+1})+\left(\frac{1}{v_g}\frac{1}{t_{i+1}-t_i}\right)\bullet\phi_g(r,t_i)\end{aligned}\tag{7-3}$$

对方程（7-3）的空间变量采用中心点差分后有：

$$\begin{aligned}
&a_g(i,j,k)\phi_g(i,j,k-1,t_{i+1})+b_g(i,j,k)\phi_g(i,j-1,k,t_{i+1})+\\
&c_g(i,j,k)\phi_g(i-1,j,k,t_{i+1})+e'_g(i,j,k)\phi_g(i,j,k,t_{i+1})+\\
&f_g(i,j,k)\phi_g(i+1,j,k,t_{i+1})+h_g(i,j,k)\phi_g(i,j+1,k,t_{i+1})+\\
&m_g(i,j,k)\phi_g(i,j,k+1,t_{i+1})-SS_g(i,j,k,t_{i+1})-PFS_g(i,j,k,t_{i+1})\\
&=Q'_g(i,j,k,t_{i+1})\Delta x(i)\Delta y(j)\Delta z(k)
\end{aligned} \tag{7-4}$$

其中：

$$\mathrm{e}'_g(i,j,k)=\mathrm{e}_g(i,j,k)+\left(\frac{1}{v_g}\frac{1}{t_{i+1}-t_i}\right)\Delta x(i)\Delta y(j)\Delta z(k) \tag{7-5}$$

$$Q'_g(i,j,k,t_{i+1})=Q_g(i,j,k,t_{i+1})+\left(\frac{1}{v_g}\frac{1}{t_{i+1}-t_i}\right)\phi_g(i,j,k,t_i) \tag{7-6}$$

在$[t_i,t_{i+1}]$时间步长内，可采用 SOR 迭代方法计算t_{i+1}时刻的中子注量率：

$$\phi_g^{(K)}(i,j,k,t_{i+1})=\frac{\omega}{\mathrm{e}'_g(i,j,k)}\begin{bmatrix}
ES'_g(i,j,k,t_{i+1})\\
+PFS_g^{(K-1)}(i,j,k,t_{i+1})\\
+SS_g^{(K-1)}(i,j,k,t_{i+1})\\
-a_g(i,j,k)\phi_g^{(K)}(i,j,k-1,t_{i+1})\\
-b_g(i,j,k)\phi_g^{(K)}(i,j-1,k,t_{i+1})\\
-c_g(i,j,k)\phi_g^{(K)}(i-1,j,k,t_{i+1})\\
-f_g(i,j,k)\phi_g^{(K-1)}(i+1,j,k,t_{i+1})\\
-h_g(i,j,k)\phi_g^{(K-1)}(i,j+1,k,t_{i+1})\\
-m_g(i,j,k)\phi_g^{(K-1)}(i,j,k+1,t_{i+1})
\end{bmatrix}+(1-\omega)\phi_g^{(K-1)}(i,j,k,t_{i+1}) \tag{7-7}$$

其中：

$$\begin{aligned}
ES'_g(i,j,k,t_{i+1})=&Q_g(i,j,k,t_{i+1})\Delta x(i)\Delta y(j)\Delta z(k)+\\
&\left(\frac{1}{v_g}\frac{1}{t_{i+1}-t_i}\right)\phi_g(i,j,k,t_i)\Delta x(i)\Delta y(j)\Delta z(k)
\end{aligned} \tag{7-8}$$

为了进行 ADS 次临界反应堆脉冲中子源响应特性的直接计算，编制了中子时空动力学直接计算程序 ADS_PNS，并以直接计算结果作为参考结果开展 ADS 次临界反应堆脉冲中子源响应特性的谐波展开研究。ADS_PNS 程序的计算流程如图 7-1 所示。

由于本章主要关注瞬发中子注量率的时空特性，因此在直接计算时只需要计算一个脉冲周期，无需像真实的脉冲中子源实验一样，注入多个脉冲以等待缓发中子先驱核平衡，形成稳定的缓发中子本底计数。

采用 ADS_PNS 程序计算了 k_{eff}=0.93、0.96、0.99 三种典型次临界度下脉冲中子（能量位于第 1 能群，脉冲宽度为 10 μs）注入 ADS 次临界反应堆后 D1、D2、D3、D4 位置处的中子注量率随时间的变化，结果如图 7-2～图 7-4 所示。

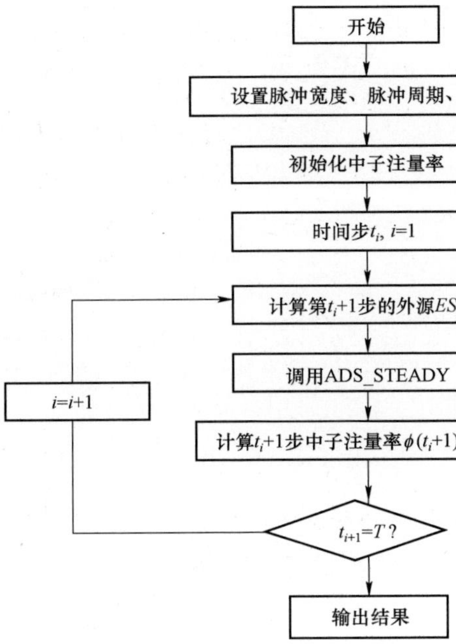

图 7-1 ADS_PNS 程序计算流程

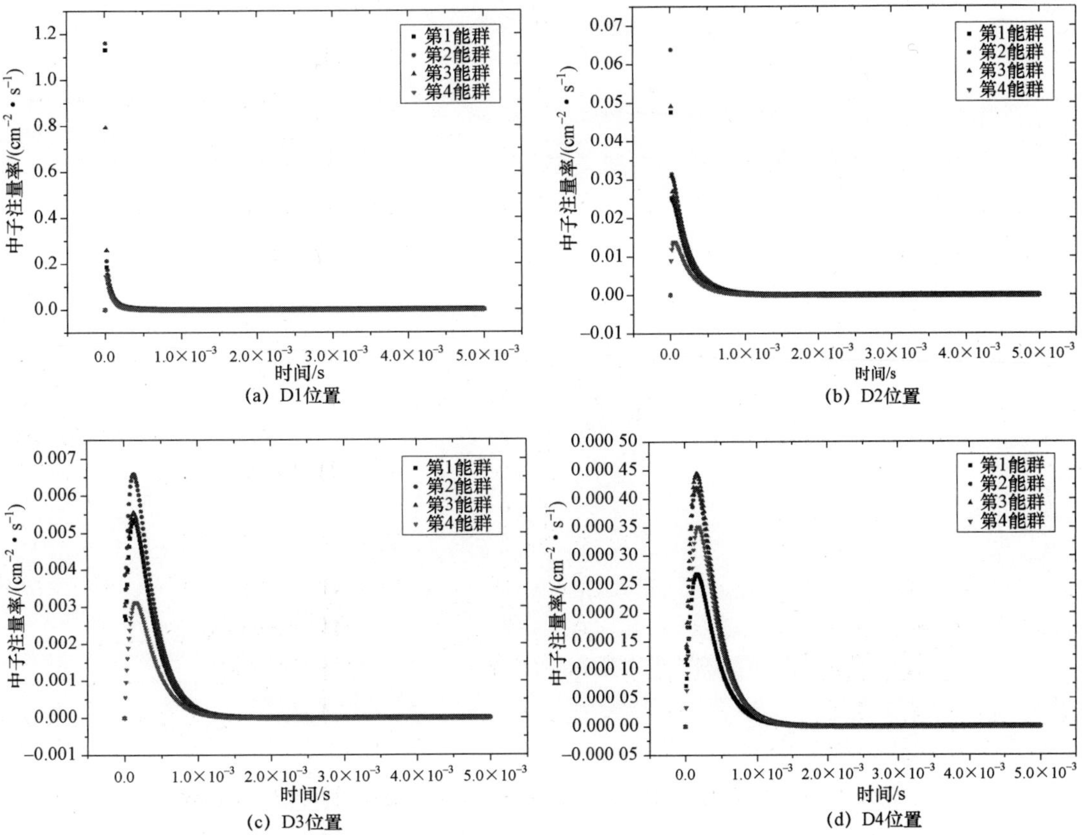

图 7-2 脉冲源注入后探测器位置中子注量率随时间变化（k_{eff}=0.93）

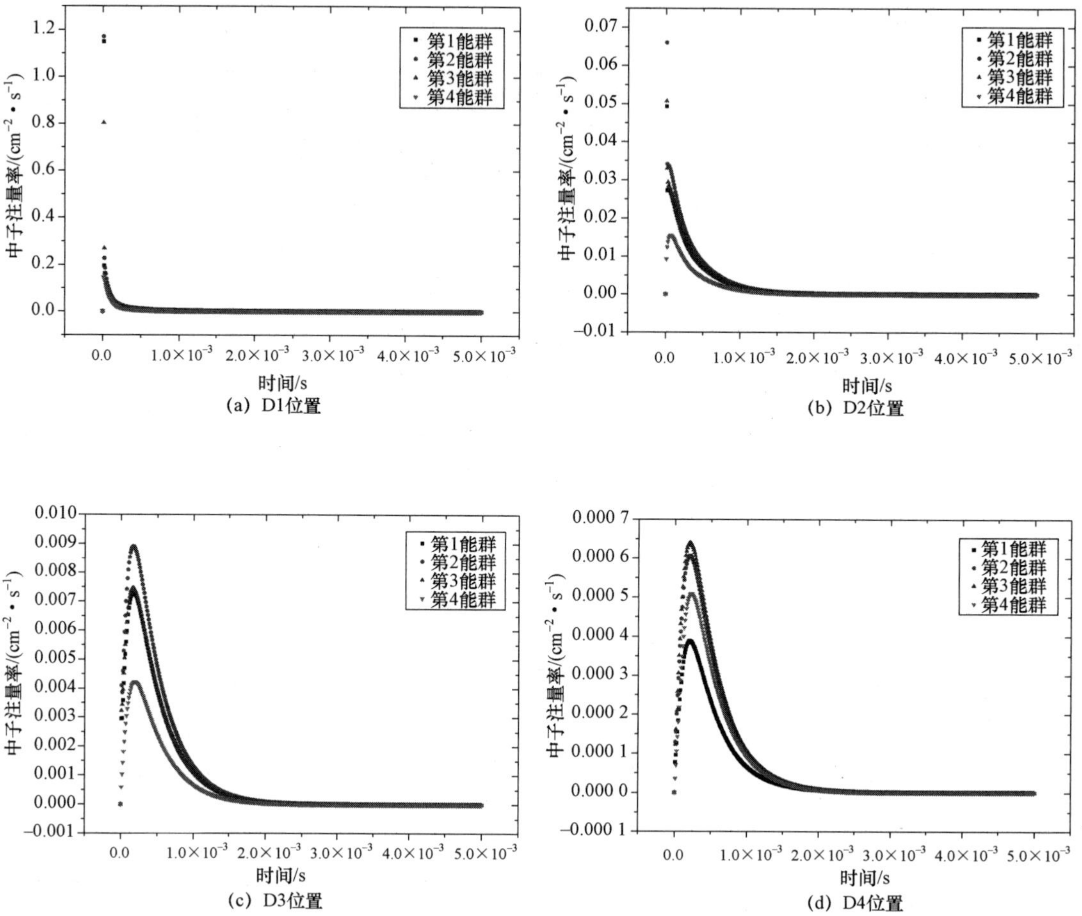

图 7-3　脉冲源注入后探测器位置中子注量率随时间变化（$k_{eff}=0.96$）

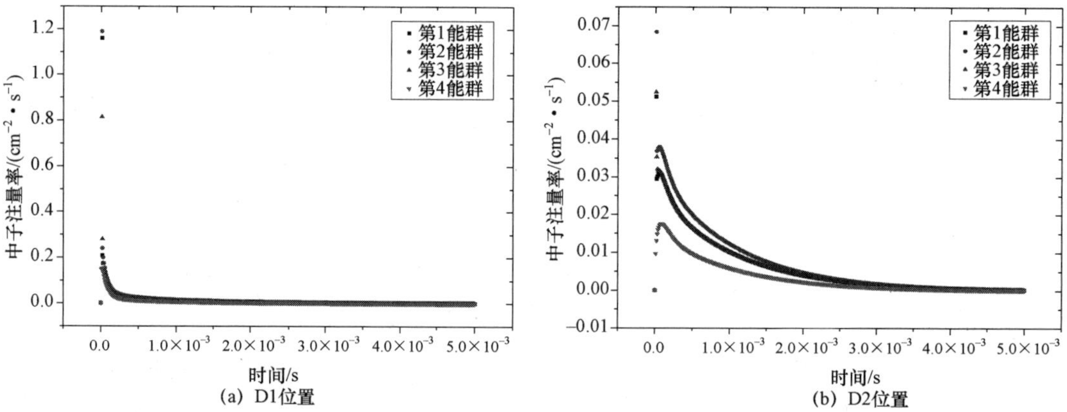

图 7-4　脉冲源注入后探测器位置中子注量率随时间变化（$k_{eff}=0.99$）

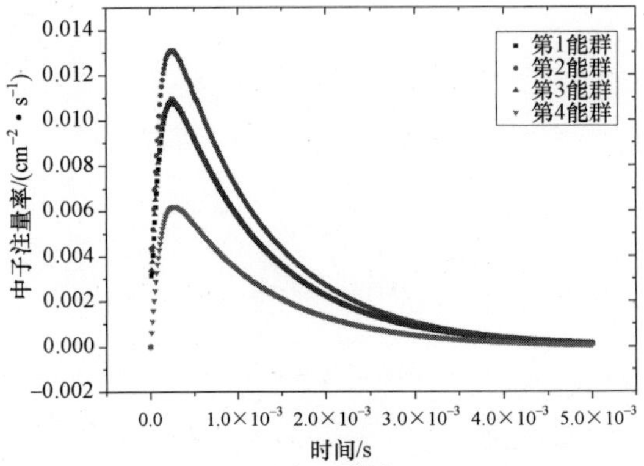

(c) D3位置

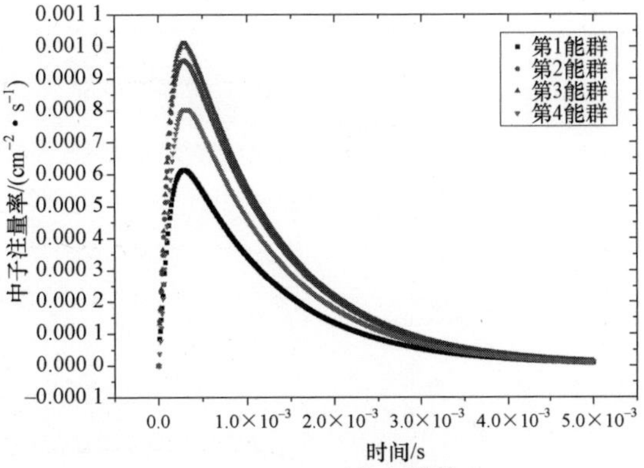

(d) D4位置

图 7-4 脉冲源注入后探测器位置中子注量率随时间变化（$k_{eff}=0.99$）（续）

从图 7-2～图 7-4 可以看出，脉冲中子注入 ADS 次临界反应堆后，不同位置处的中子注量率随时间的变化规律并不一致，可以观察到明显的空间效应，D3、D4 位置处的中子注量率可以明显看到高阶瞬发中子谐波的影响，即中子注量率随脉冲中子注入出现先上升后下降的规律，并且随着与外中子源距离的增大，峰值中子注量率不断减小；D1、D2 位置处由于距离脉冲中子源较近，在脉冲中子注入后的极短时间内中子注量率迅速上升，而后开始逐渐衰减；同时还可以从图 7-2～图 7-4 中看出，随着与脉冲中子源距离的增大，中子注量率的峰值到达时间逐渐变大，这表明了脉冲中子注入后的中子注量率随时间与空间存在“传播”过程，当然由于堆内中子的速度是远大于反应堆尺寸的，因此“传播”的过程持续时间非常短。

7.1.2 瞬发中子注量率空间效应分析

由于 ADS 次临界反应堆内的基波与高阶谐波总是相互叠加共存的，并且不同的瞬发 α 谐波具有不同衰减常数，而瞬发 α 基波的衰减速度总是最慢的，因此可以想象，在脉冲中子注入 ADS 次临界反应堆后的较短时间内，基波与高阶瞬发 α 谐波共同影响中子注量率的时空特性，而经历一段时间后，高阶瞬发 α 谐波衰减殆尽，此后将仅剩瞬发 α 基波衰减模式。根据已开展的脉冲中子源实验高阶谐波滤除研究[1]，以 D1 位置处的中子注量率为基准，利用 D2、D3、D4 位置处的中子注量率时间谱除以 D1 位置处的中子注量率时间谱，得到 D2、D3、D4 位置处的相中子注量率随时间的变化，根据上述分析可知，当仅剩瞬发 α 基波衰减时，D2、D3、D4 位置处的相对中子注量率应不随时间变化，结果如图 7-5 所示。

从图 7-5 我们可以明显看出，在脉冲中子注入 ADS 次临界反应堆后的较短时间内，D2、D3、D4 探测器位置相对于 D1 探测器位置处的相对中子注量率随时间是变化的，在该时间区间内，基波与高阶瞬发 α 谐波相互叠加，而随后进入稳定阶段。对于 $k_{eff}=0.93$、0.96、0.99 三种情况，相对中子注量率稳定的时刻分别如表 7-1 所示，在上述时刻之后 ADS 次临界反应堆的中子注量率分布和中子能谱不再变化，并且在空间和能谱分布上遵

循瞬发 α 基波，在时间特性上按 $e^{\alpha_{p,1}\cdot t}$ 规律衰减。

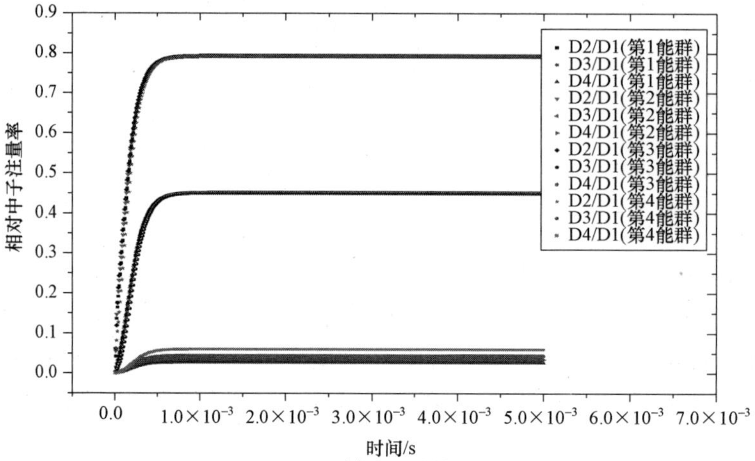

(a) $k_{\text{eff}}=0.93$

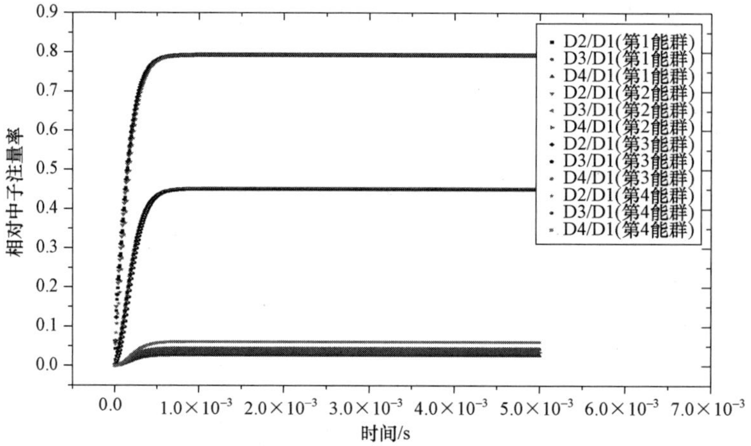

(b) $k_{\text{eff}}=0.96$

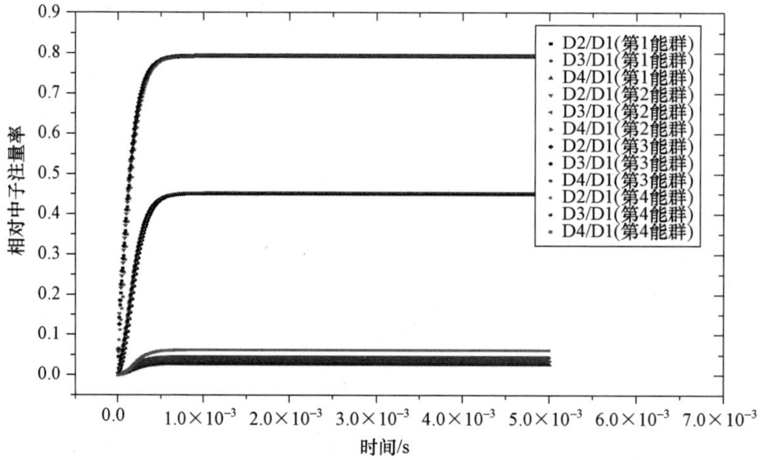

(c) $k_{\text{eff}}=0.99$

图 7-5　脉冲中子注入 ADS 次临界反应堆后相对中子注量率随时间的变化

表 7-1　相对中子注量率稳定时刻　　单位：μs

k_{eff}	中子注量率稳定时刻			
	$g=1$	$g=2$	$g=3$	$g=4$
0.93	1 000	1 050	1 000	1 180
0.96	960	950	1 050	1 040
0.99	910	910	1 020	1 000

表 7-1 结果还表明，随次临界度的加深，高阶瞬发 α 谐波影响的时间区间是增大的。

根据表 7-1，对于 k_{eff}=0.93、0.96 和 0.99 三种次临界度，分别选取 1 180 μs、1 050 μs、1 020 μs 后的 D4 探测器位置处的第 4 群中子注量率（也可采用其他探测器位置的其他能群中子注量率，效果是相同的），进行指数衰减拟合，得到瞬发中子衰减常数拟合值 $\alpha_{p,1,fit}$。如图 7-6 所示。

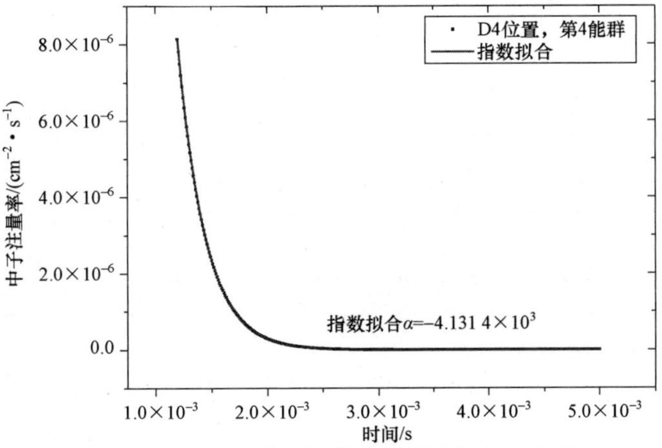

(a) D4位置中子注量率拟合曲线（$k_{eff}=0.93$）

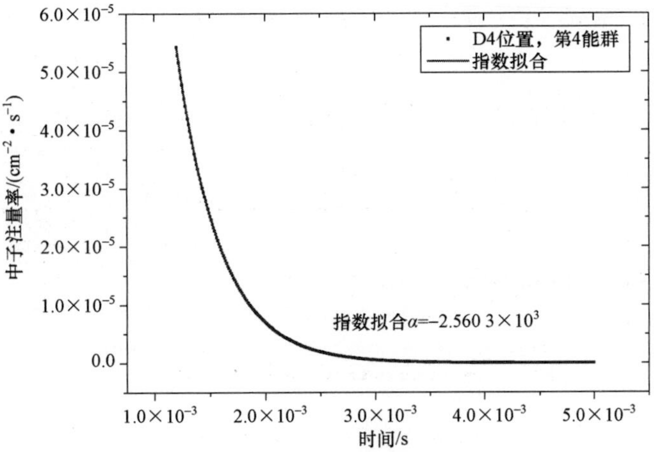

(b) D4位置中子注量率拟合曲线（$k_{eff}=0.96$）

图 7-6　瞬发中子衰减常数拟合

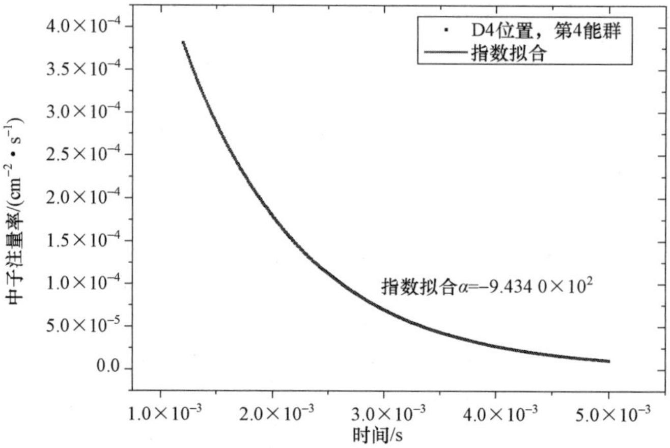

(c) D4位置中子注量率拟合曲线（$k_{eff}=0.99$）

图 7-6　瞬发中子衰减常数拟合（续）

表 7-2 给出了瞬发中子衰减常数的拟合结果与 HARMONY 程序直接计算得到的瞬发 α 基波本征值。表 7-2 表明，采用了高阶谐波滤除后拟合得到的瞬发中子基波衰减常数 $\alpha_{p,1,\mathrm{fit}}$ 与 HARMONY 程序计算得到的瞬发 α 基波本征值吻合很好，验证了高阶谐波滤除理论的正确性和实际可行性，同时也表明在脉冲中子注入 ADS 次临界反应堆后，待高阶瞬发 α 谐波衰减殆尽后，中子注量率的空间分布和能谱遵循瞬发 α 基波。

表 7-2　瞬发中子衰减常数拟合结果与瞬发 α 基波本征值的比较

k_{eff}	瞬发中子衰减常数 α/s^{-1}		相对偏差
	瞬发中子注量率拟合值	瞬发 α 基波本征值	
0.93	-4.1317×10^{3}	-4.2193×10^{3}	-2.0762×10^{-2}
0.96	-2.5603×10^{3}	-2.5932×10^{3}	-1.2687×10^{-2}
0.99	-9.4340×10^{2}	-9.4915×10^{2}	-6.0581×10^{-3}

7.2　脉冲中子源驱动瞬发中子时空特性的瞬发 α 谐波展开分析

7.2.1　瞬发中子注量率的瞬发 α 谐波重构

在仅考虑瞬发中子时，对 3.3.2 节方程（3−45）中的时间变量 t 采用隐式向后 Euler 差分后有：

$$B_n(t_{i+1})=\left[\frac{B_n(t_i)}{t_{i+1}-t_i}+\frac{1}{\gamma_n}\left\langle\phi_{\alpha,n}^{+},Q(t_{i+1})\right\rangle\right]\frac{1}{\left(\frac{1}{t_{i+1}-t_i}-\alpha_{p,n}\right)} \tag{7-9}$$

在脉冲中子注入 ADS 次临界反应堆前，$B_n(t_{0-})=0$。由方程（7-9）计算出 $B_n(t_i)$ 后，再由方程（3-49）和瞬发 α 谐波重构得到 ADS 次临界反应堆 D1、D2、D3、D4 位置处在脉冲中子注入后的各群中子注量率及中子注量率重构误差随时间的变化，如图 7-7 至图 7-9 所示。

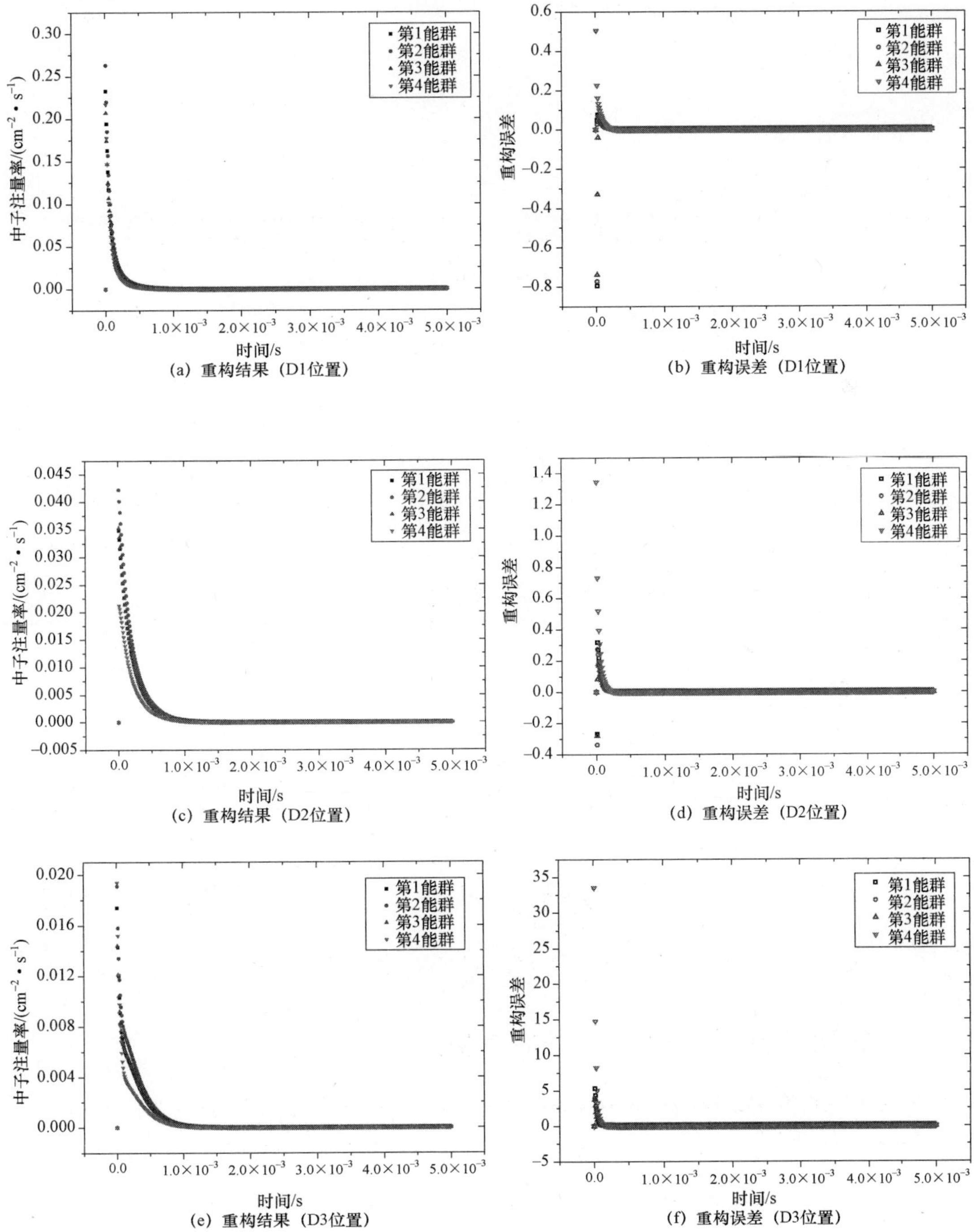

图 7-7　脉冲中子注入 ADS 次临界反应堆后中子注量率瞬发 α 谐波重构及误差（$k_{eff}=0.93$）

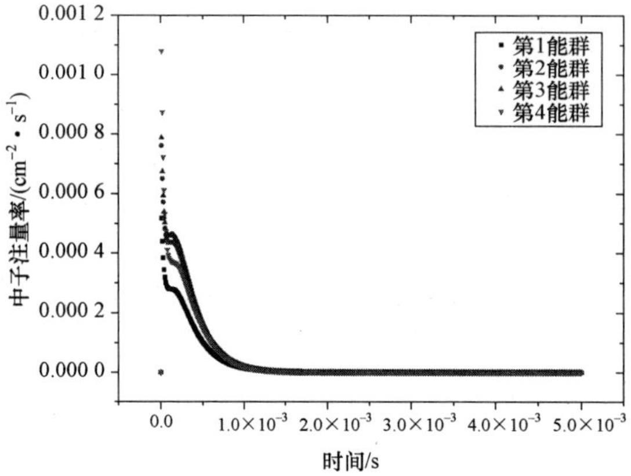

(g) 重构结果（D4位置）

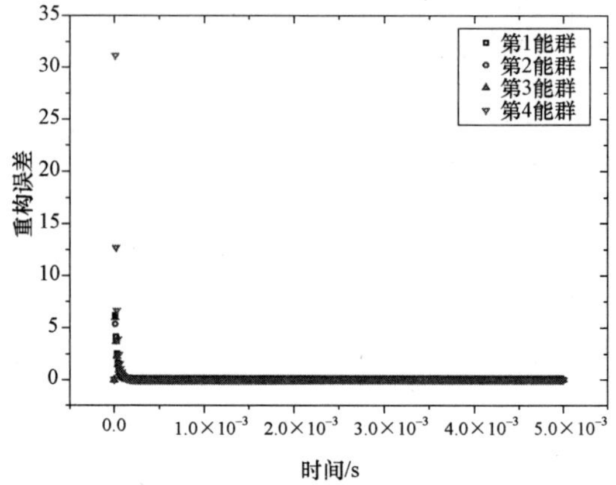

(h) 重构误差（D4位置）

图 7-7 脉冲中子注入 ADS 次临界反应堆后中子注量率瞬发 α 谐波重构及误差（k_{eff}=0.93）（续）

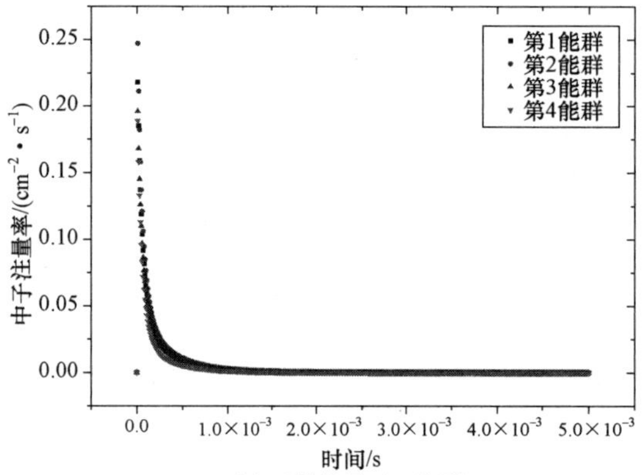

(a) 重构结果（D1位置）

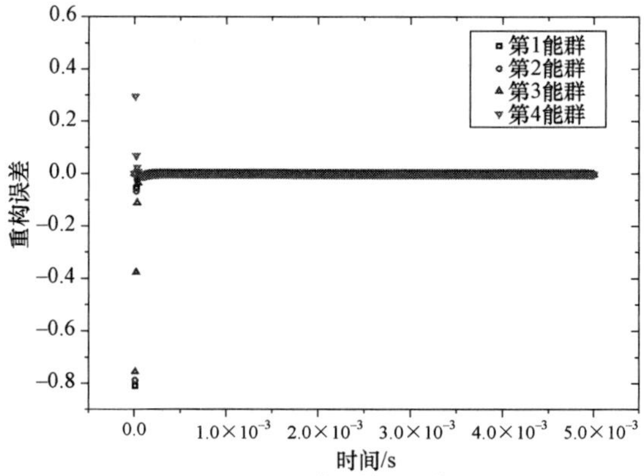

(b) 重构误差（D1位置）

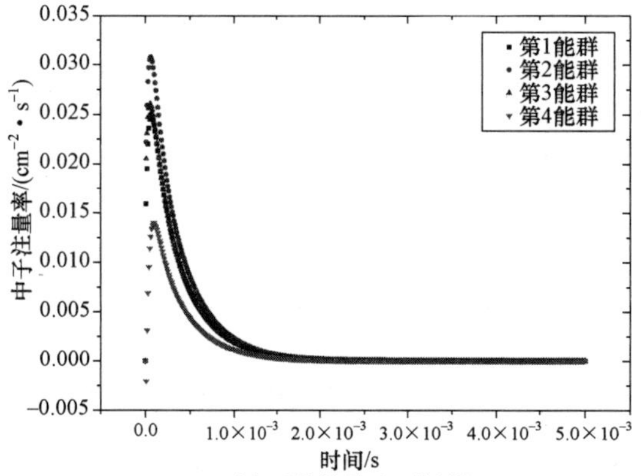

(c) 重构结果（D2位置）

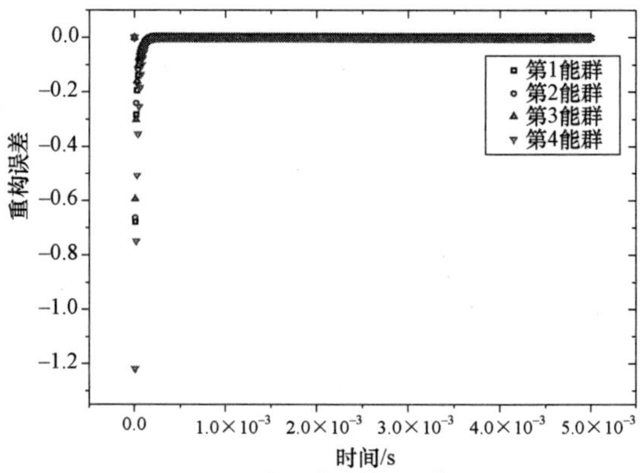

(d) 重构误差（D2位置）

图 7-8 脉冲中子注入 ADS 次临界反应堆后中子注量率瞬发 α 谐波重构及误差（k_{eff}=0.96）

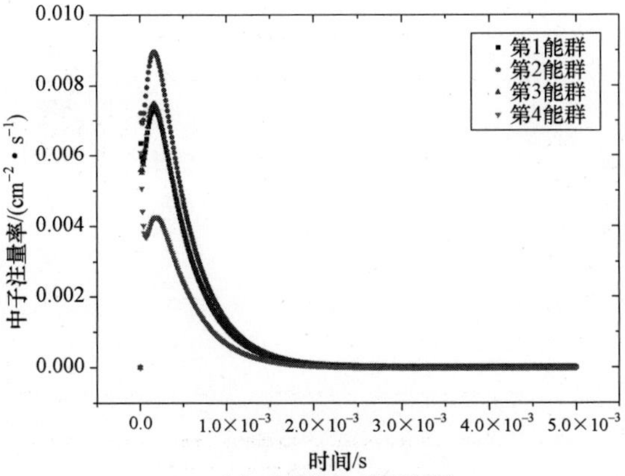

(e) 重构结果（D3位置）

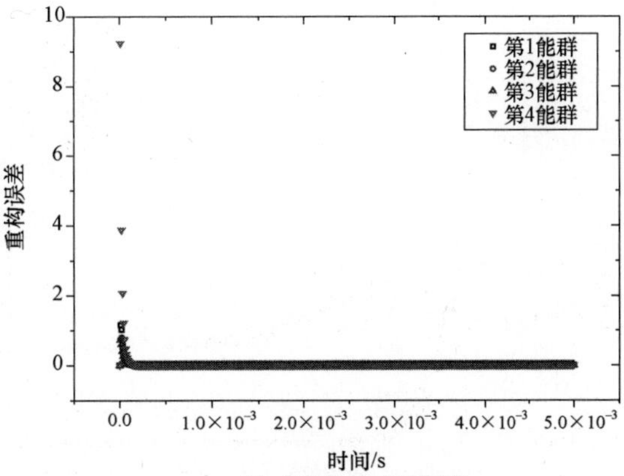

(f) 重构误差（D3位置）

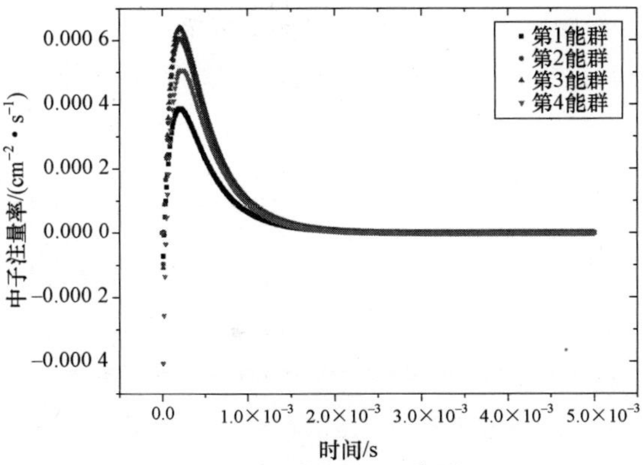

(g) 重构结果（D4位置）

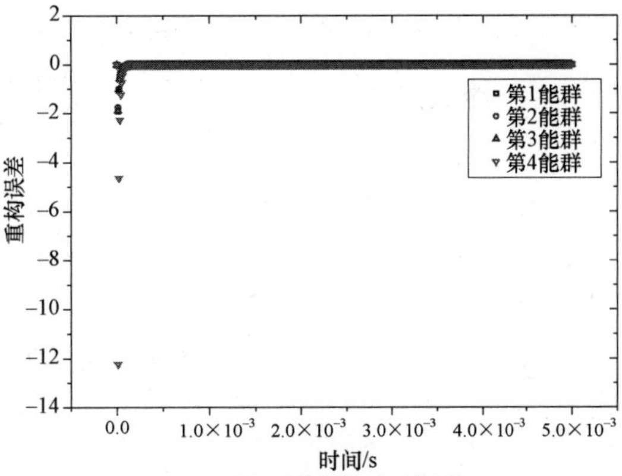

(h) 重构误差（D4位置）

图 7-8 脉冲中子注入 ADS 次临界反应堆后中子注量率瞬发 α 谐波重构及误差（k_{eff}=0.96）（续）

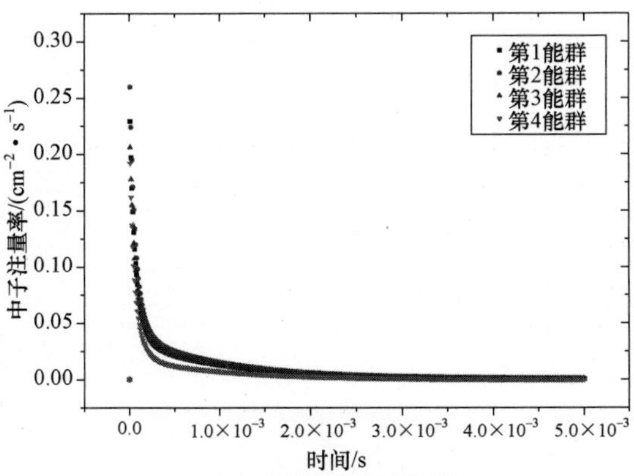

(a) 重构结果（D1位置）

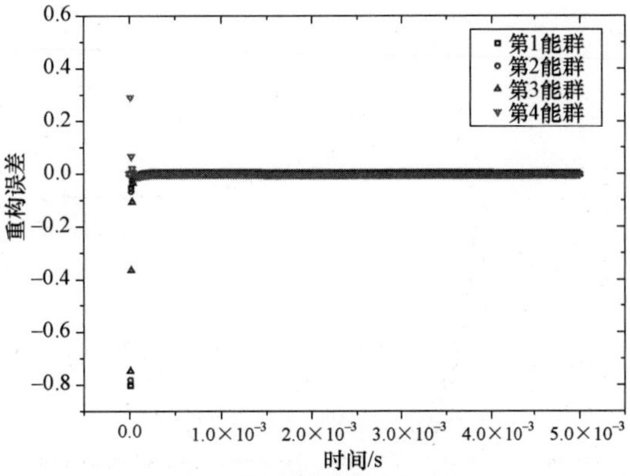

(b) 重构误差（D1位置）

图 7-9 脉冲中子注入 ADS 次临界反应堆后中子注量率瞬发 α 谐波重构及误差（k_{eff}=0.99）

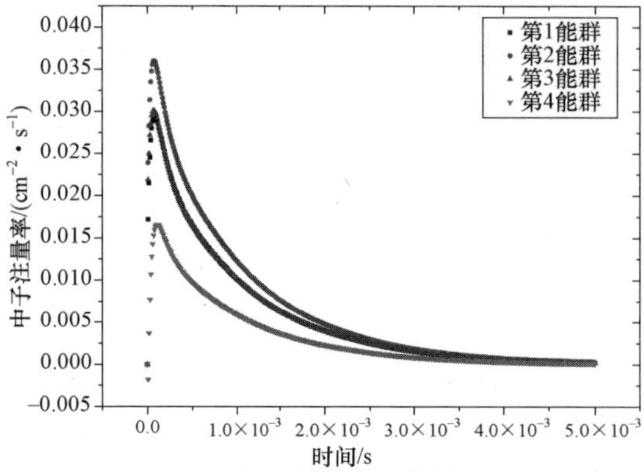

(c) 重构结果（D2位置）

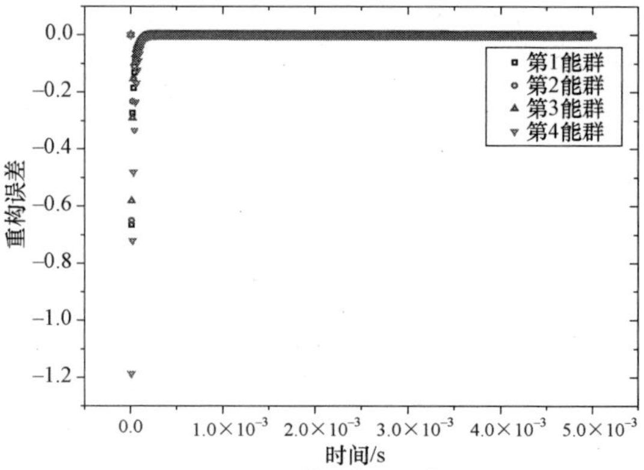

(d) 重构误差（D2位置）

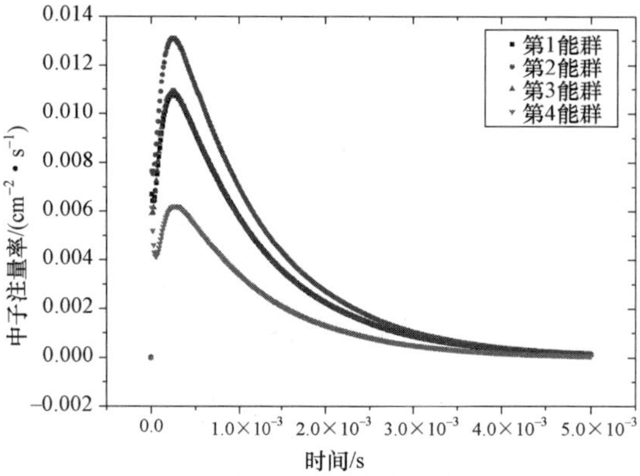

(e) 重构结果（D3位置）

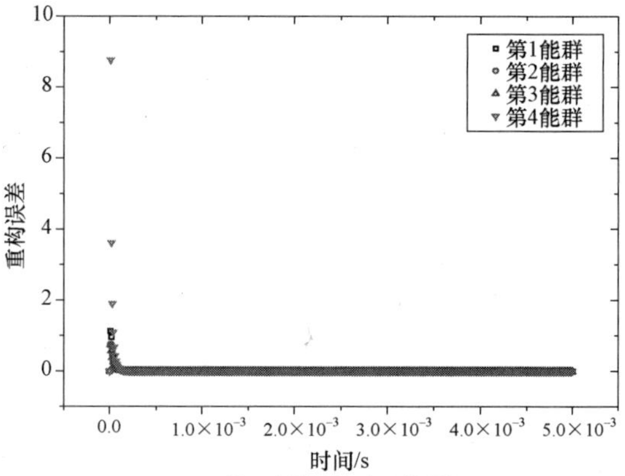

(f) 重构误差（D3位置）

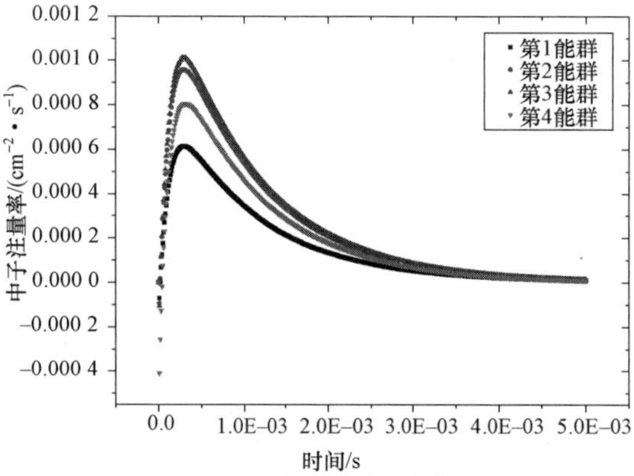

(g) 重构结果（D4位置）

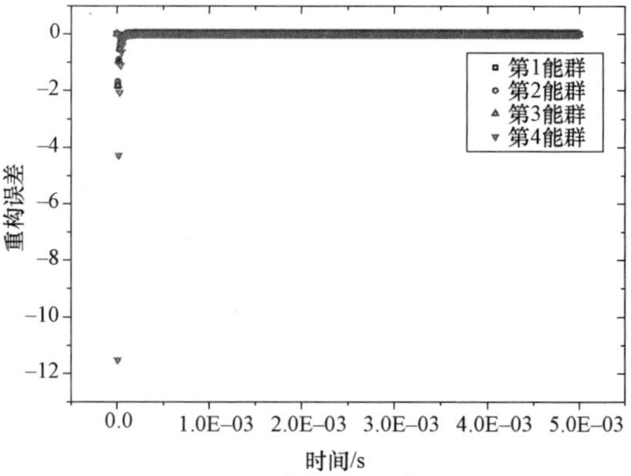

(h) 重构误差（D4位置）

图 7-9　脉冲中子注入 ADS 次临界反应堆后中子注量率瞬发 α 谐波重构及误差（$k_{\text{eff}}=0.99$）（续）

从图 7-7～图 7-9 可以看出，对于脉冲中子源注入后的 ADS 次临界反应堆中子注量率，采用前 200 阶瞬发 α 谐波重构的结果与参考结果之间吻合较好，对于 $k_{\text{eff}}=0.93$、0.96、0.99 情况，中子注量率的重构误差分别在 240 μs、170 μs、160 μs 后小于 0.1%。同时从图 7-7～图 7-9 也可以发现，对于脉冲中子注入后的极短时间，中子注量率的重构误差仍然会比较大，这是由于 10 μs 的中子脉冲时间是时间尺度上是非常短暂的，从理论上需要非常多阶谐波展开才能完全模拟该尺度内的瞬发中子注量率。从 7.1.2 节结果可知，对于 k_{eff}=0.93、0.96、0.99 情况，高阶瞬发 α 谐波的作用的时域分别 0～1 180 μs、0～1 050 μs、0～1 020 μs，因此，对于 240～1 180 μs、170～1 050 μs 和 160～1 020 μs 时间范围内的高阶瞬发 α 谐波效应研究，采用前 200 阶瞬发 α 谐波是具有足够精度的。

7.2.2　瞬发 α 谐波幅度的变化

6.3.4 节曾给出对 ADS 稳态中子注量率有贡献的特定阶数的瞬发 α 谐波，对于脉冲中子源驱动问题，在脉冲中子注入后，上述特定阶数的瞬发 α 谐波将被“激发”，随后按各自不同的规律随时间变化，并叠加构成脉冲中子源驱动下 ADS 次临界反应堆瞬发中子注量率时空特性。

图 7-10 给出了 k_{eff}=0.93、0.96、0.99 三种典型次临界度下，有贡献的特定阶数的瞬发 α 谐波展开系数 $B_n(t)$ 随时间的变化。

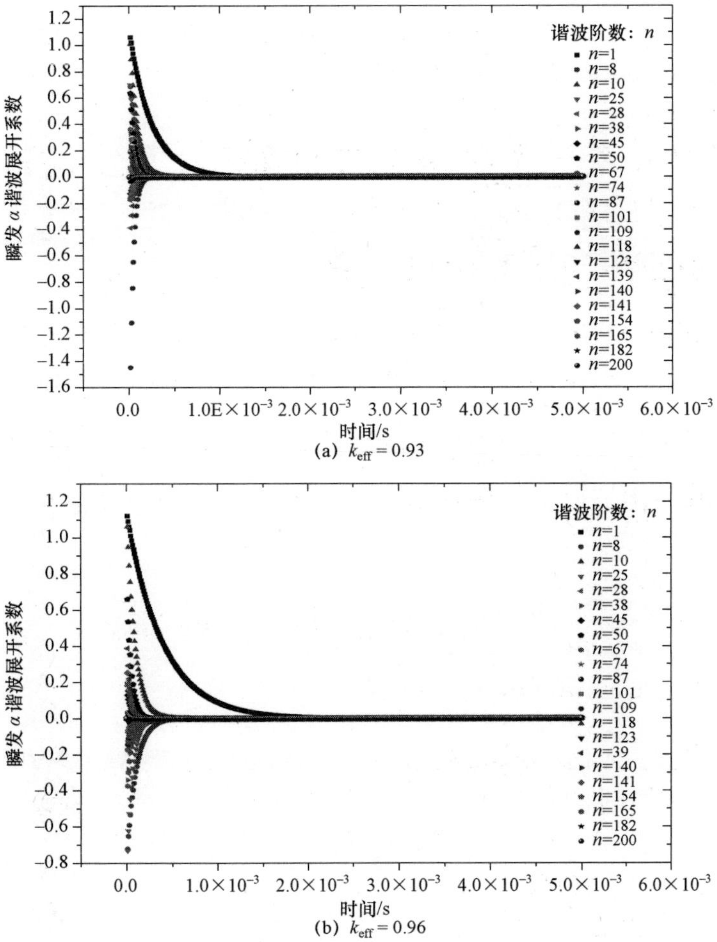

图 7-10　瞬发 α 谐波展开系数随时间的变化

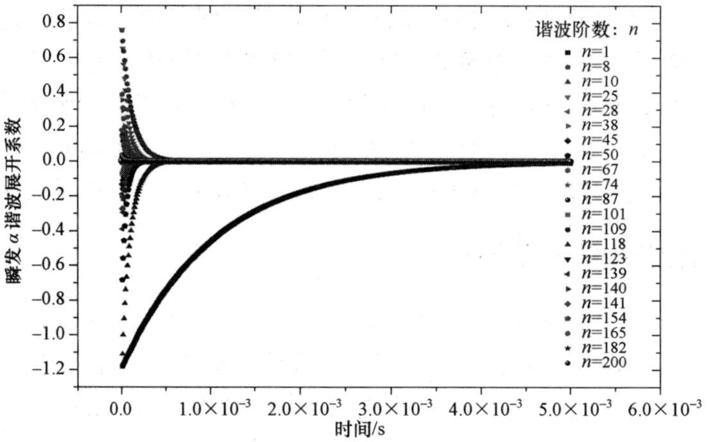

(c) $k_{\text{eff}}=0.99$

图 7-10　瞬发 α 谐波展开系数随时间的变化（续）

从图 7-10 中可以明显看出，不同阶的瞬发 α 谐波展开系数 $B_n(t)$ 随时间变化的规律和最大幅度不同，同时从图 7-10 中也可以明显分辨出瞬发 α 基波，相比其他特定阶数的高阶瞬发 α 谐波，它随时间的变化总是最慢的。

7.3　基于瞬发 α 方法的静态反应性计算

7.3.1　仅考虑瞬发中子的点堆动力学方程

采用脉冲中子源方法测量次临界度时，所需要的关键参数之一是基波瞬发中子衰减常数。忽略缓发中子，ADS 次临界反应堆的中子时空动力学方程可写成：

$$\frac{1}{v}\frac{\partial\phi}{\partial t}=(1-\beta)\chi_p F\phi-L\phi+Q \tag{7-10}$$

为不失一般性，对方程（7-10）两边同时乘以一个任意的权重函数 $\omega(r,E)$ 并对能量空间进行积分有：

$$\frac{\mathrm{d}\left\langle\omega,v^{-1}\phi\right\rangle}{\mathrm{d}t}=\left\langle\omega,(1-\beta)\chi_p F\phi\right\rangle-\left\langle\omega,L\phi\right\rangle+\left\langle\omega,Q\right\rangle \tag{7-11}$$

利用方程（3-3），方程（7-11）可写成：

$$\frac{\mathrm{d}\left\langle\omega,v^{-1}\phi\right\rangle}{\mathrm{d}t}=\left\langle\omega,\chi F\phi\right\rangle-\left\langle\omega,\sum_{i=1}^{6}\chi_{d,i}\beta_i F\phi\right\rangle-\left\langle\omega,L\phi\right\rangle+\left\langle\omega,Q\right\rangle \tag{7-12}$$

数学上对引入的权重函数 ω 并没有任何特殊的要求，但若令 $\omega=\phi_c^+$，并利用共轭方程（3-14），则方程（7-12）变为：

$$\frac{\mathrm{d}\left\langle\phi_c^+,v^{-1}\phi\right\rangle}{\mathrm{d}t}=\left(1-\frac{1}{k_{\text{eff}}}\right)\left\langle\phi_c^+,\chi F\phi\right\rangle-\left\langle\phi_c^+,\sum_{i=1}^{6}\beta_i\chi_{d,i}F\phi\right\rangle+\left\langle\phi_c^+,Q\right\rangle \tag{7-13}$$

在方程（7-13）中：

$$\rho = 1 - \frac{1}{k_{\text{eff}}} \tag{7-14}$$

$$n(t) = \left\langle \phi_c^+, v^{-1}\phi \right\rangle \tag{7-15}$$

$$\beta_{\text{eff}}(t) = \frac{\left\langle \phi_c^+, \sum_{i=1}^{6} \beta_i \chi_{d,i} F\phi \right\rangle}{\left\langle \phi_c^+, \chi F\phi \right\rangle};\ \beta_{i,\text{eff}}(t) = \frac{\left\langle \phi_c^+, \beta_i \chi_{d,i} F\phi \right\rangle}{\left\langle \phi_c^+, \chi F\phi \right\rangle} \tag{7-16}$$

$$\Lambda(t) = \frac{\left\langle \phi_c^+, v^{-1}\phi \right\rangle}{\left\langle \phi_c^+, \chi F\phi \right\rangle} \tag{7-17}$$

$$q(t) = \left\langle \phi_c^+, Q \right\rangle \tag{7-18}$$

式中：ρ 称为静态反应性；n 为以中子价值为权重的中子密度；β_{eff} 为总的缓发中子有效份额；Λ 为平均中子代时间；q 为归一化到中子价值的外中子源强度。

此时，ADS 次临界反应堆瞬发中子时空动力学方程（7-10）可写成点堆动力学形式：

$$\frac{\mathrm{d}n(t)}{\mathrm{d}t} = \frac{\rho - \beta_{\text{eff}}}{\Lambda} n(t) + q(t) \tag{7-19}$$

根据上面的推导，正是定义了权重函数 ω 为中子价值，才将点堆动力学方程与反应性 ρ 相联系，这是物理上对权重函数 ω 的特殊考虑，此时 ρ 仅与 k_{eff} 有关，又可称之为静态反应性。此外上面的推导也给出了脉冲中子源实验中缓发中子有效份额 β_{eff} 和平均中子代时间 Λ 这两个动态参数的计算方法。采用上述点堆动力学方程，通过测量 ADS 次临界反应堆的动态特性，可以计算出 ρ 或 k_{eff}。

7.3.2　测量次临界反应性的瞬发 α 方法

瞬发 α 方法[2]是通过脉冲中子源实验测量次临界度的众多方法中的一种，基本原理是：通过重复向次临界反应堆内注入周期性脉冲中子，通过对每一个脉冲周期内的探测器中子计数率累加，得到一个脉冲周期内的瞬发中子衰减特性，进而计算得到次临界度。

由方程（7-19）可知，在一个脉冲周期内，当脉冲中子注入完毕后，瞬发中子密度随将随时间呈现指数衰减的规律：

$$n(t) = n(0) \cdot \mathrm{e}^{\alpha t} \tag{7-20}$$

$$\alpha = \frac{\rho - \beta_{\text{eff}}}{\Lambda} \tag{7-21}$$

由方程（7-21）可知：

$$\rho = \frac{k_{\text{eff}} - 1}{k_{\text{eff}}} = \alpha\Lambda + \beta_{\text{eff}} \tag{7-22}$$

但方程（7-22）成立的前提是基于 β_{eff} 和 Λ 均为常数的假设，而从 7.3.1 节动态参数表达式中可以看出，由于脉冲中子源实验中的中子注量率是随时间、空间变化的，因而实际上中子注量率随时间的变化并不会呈现简单的指数衰减形式。典型的脉冲中子源实验的中子密度（或探测器中子计数率）在一个脉冲周期内的变化如图 7-11 所示。

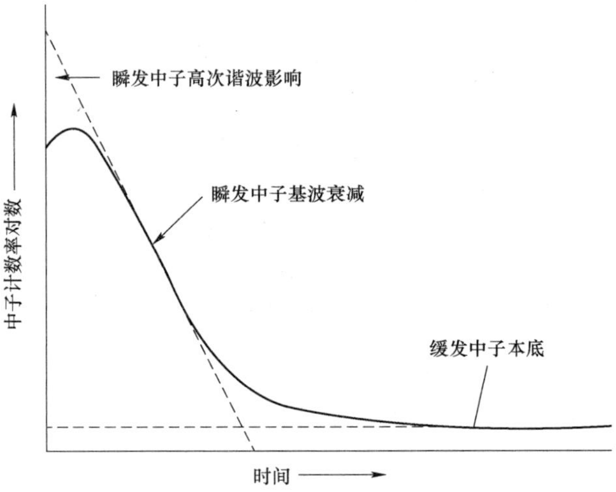

图 7-11　脉冲中子源实验典型的中子计数率随时间变化

从 7.1、7.2 节的计算分析可知，在脉冲中子注入 ADS 次临界反应堆后的较短时间内，由于瞬发 α 基波和高阶瞬发 α 谐波共存，导致计算动态参数的中子注量率随时间变化，进而使得动态参数随时间变化，中子注量率（或探测器计数率）偏离单纯指数衰减形式。通过瞬发 α 谐波重构脉冲中子注入后的中子注量率随时间变化规律可知，由于高阶瞬发 α 谐波具有比瞬发 α 基波具有更快的衰减常数，因此在一段时间后中子注量率的空间分布和能谱将逼近瞬发 α 基波分布，并按瞬发 α 基波本征值进行指数衰减，此时的动态参数 β_{eff} 和 Λ 将不随时间变化（逐渐渐近到某一确定值，称为动态参数渐近值），此时方程（7-20）所给出的单一指数衰减规律得以成立。因此，在实际的瞬发 α 方法中，动态参数计算所需要的中子注量率应为瞬发 α 基波。

7.3.3　动态参数的渐近值及其随次临界度的变化

根据 7.3.2 的分析，采用瞬发 α 基波作为中子注量率，并由方程（7-16）、方程（7-17）计算动态参数的渐近值，结果如表 7-3 所示。

表 7-3　动态参数渐近值计算结果

k_{eff}	β_{eff}	Λ/s	l/s
0.93	$7.208\,76\times10^{-3}$	$1.952\,54\times10^{-5}$	$1.815\,86\times10^{-5}$
0.96	$7.208\,76\times10^{-3}$	$1.941\,93\times10^{-5}$	$1.864\,25\times10^{-5}$
0.99	$7.208\,76\times10^{-3}$	$1.931\,36\times10^{-5}$	$1.912\,05\times10^{-5}$

在表 7-3 中，l 为有限大介质内瞬发中子平均寿命，它与 k_{eff} 及 Λ 的关系为：

$$l = \Lambda \bullet k_{\mathrm{eff}} \tag{7-23}$$

表 7-3 的中 β_{eff} 并不随 k_{eff} 变化而变化，这是由于本书所研究的 ADS 次临界反应堆 4 群常数中，缓发中子谱 $\chi_{\mathrm{d},i}$、瞬发中子谱 χ_{p} 和总裂变中子谱 χ 相同，进而在方程（7-16）的积分中，对于空间变量积分时 $\chi_{\mathrm{d},i}$ 可提出积分外部并与 χ 相约，这使得 β_{eff} 不随中子注量率变化而变化。而在实际的反应堆中缓发中子谱要低于瞬发中子谱，即 $\chi_{\mathrm{d},i}$ 和 χ_{p} 不同，并且瞬发 α 基波随 k_{eff} 的变化而变化，因此对于实际的问题 β_{eff} 是随 k_{eff} 的变化而变化的。此外，表 7-3 的计算结果还表明，平均中子代时间 Λ 随 k_{eff} 的增大而减小。文献［3］表明，Λ 随 k_{eff} 的增大而减小的现象在小堆芯、大反射层的反应堆问题中尤其明显。

图 7-7 给出了平均中子代时间 Λ 随 k_{eff} 的变化，从图中可以看出平均中子代时间 Λ 随 k_{eff} 增大近似呈现线性减小的规律，由表 7-2 中数据进行外推得到临界时（$k_{\mathrm{eff}}=1$）的平均中子代时间 Λ_{c} 为 $1.926\,67\times10^{-5}$ s。同时，将方程（7-17）中的中子注量率换成 λ 基波，也可以直接得到临界时的平均中子代时间 Λ_{c} 为 $1.925\,33\times10^{-5}$s，两者的相对偏差为 $6.944\,3\times10^{-3}$，这也验证了计算得到的平均中子代时间的正确性。如图 7-12 所示。

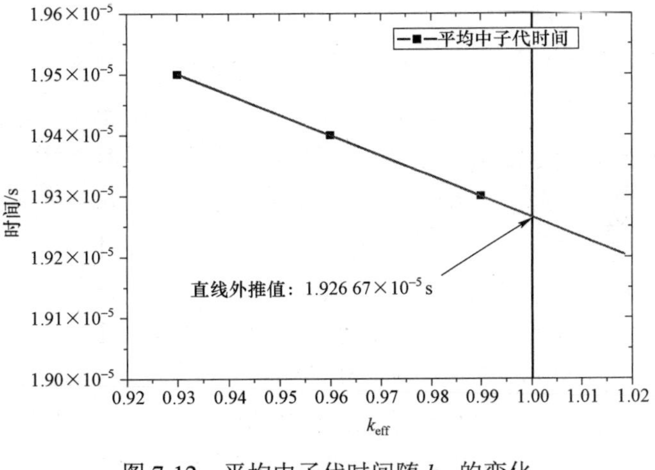

图 7-12　平均中子代时间随 k_{eff} 的变化

7.3.4　动态参数渐近值随次临界度变化的理论分析

由于脉冲中子源方法测量的是基波瞬发中子衰减常数，并且计算动态参数渐近值的中子注量率为瞬发 α 基波。将瞬发 α 基波满足的方程（3－24）改写成：

$$L\phi_{\alpha p,1} = (1-\beta)\chi_p F\phi_{\alpha p,1} - \frac{\alpha_{p,1}}{v}\phi_{\alpha p,1} \tag{7-24}$$

对方程（7-24）两边同乘以 ϕ_c^+，并对空间、能量进行积分，再除以 $\langle \phi_c^+, v^{-1}\phi_{\alpha p,1}\rangle$ 有：

$$\frac{\langle \phi_c^+, L\phi_{\alpha p,1}\rangle}{\langle \phi_c^+, v^{-1}\phi_{\alpha p,1}\rangle} = \frac{\langle \phi_c^+, (1-\beta)\chi_p F\phi_{\alpha p,1}\rangle}{\langle \phi_c^+, v^{-1}\phi_{\alpha p,1}\rangle} - \alpha_{p,1} \tag{7-25}$$

在方程（7-25）中，左边第一项即为有限介质内瞬发中子平均寿命 l 的倒数 l^{-1}，现将方程右边第一项根据方程（3－3）改写为：

$$\frac{\left\langle \phi_c^+,(1-\beta)\chi_p F\phi_{\alpha p,1}\right\rangle}{\left\langle \phi_c^+,v^{-1}\phi_{\alpha p,1}\right\rangle}=\frac{\left\langle \phi_c^+,\chi F\phi_{\alpha p,1}\right\rangle}{\left\langle \phi_c^+,v^{-1}\phi_{\alpha p,1}\right\rangle}-\frac{\sum_{i=1}^{6}\left\langle \phi_c^+,\chi_{d,i}\beta_i\phi_{\alpha p,1}\right\rangle}{\left\langle \phi_c^+,v^{-1}\phi_{\alpha p,1}\right\rangle} \tag{7-26}$$

则方程（7-26）右边同除以 $\left\langle \phi_c^+,\chi F\phi_{\alpha p,1}\right\rangle$，变为：

$$\frac{1}{\Lambda}-\frac{1}{\Lambda}\sum_{i=1}^{6}\beta_{i,\text{eff}}=(1-\beta_{\text{eff}})\frac{1}{\Lambda} \tag{7-27}$$

此时，方程（7-25）变为：

$$\frac{1}{l}=(1-\beta_{\text{eff}})\frac{1}{\Lambda}-\alpha_{p,1} \tag{7-28}$$

方程（7-28）给出了脉冲中子源实验中动态参数 l、β_{eff}、Λ 渐近值之间的关系。当 k_{eff} 从 0.99 到 0.93 逐渐减小时，$|\alpha_{p,1}|$ 的增大幅度是较大的，而 Λ 的增大幅度是相对较小的，因而可以从方程（7-28）看出，随次临界度加深，l 是增大的，并且增大幅度大于 Λ 的减小幅度，如图 7-13 所示。

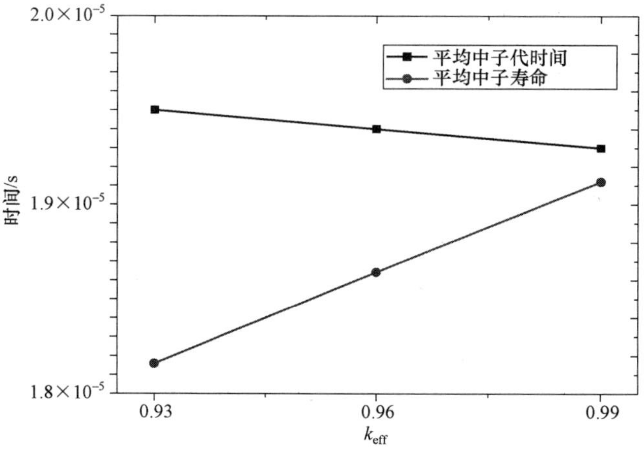

图 7-13　平均中子代时间、平均中子寿命的关系

当反应堆处于次临界时，瞬发中子基波衰减常数 $\alpha_{p,1}=(\rho-\beta_{\text{eff}})/\Lambda$，此时由方程（7-28）可以得到方程（7-23）；当反应堆缓发临界时，瞬发中子基波衰减常数 $\alpha_{p,1}=-\beta_{\text{eff}}/\Lambda$，此时根据方程（7-28）有 $l=\Lambda$，这与方程（7-23）相符，也符合反应堆物理的常识，再次证明了所推导出的 l、β_{eff}、Λ 之间关系的正确性。

7.3.5　基于瞬发 α 方法的次临界度计算

基于表 7-3 得到的动态参数和表 7-1 拟合得到的基波瞬发中子衰减常数，采用方程（7-22）得到了 ADS 次临界反应堆的 k_{eff} 分别为 0.931 56、0.959 22、0.989 11，与 k_{eff}=0.93、0.96、0.99 的相对误差分别为 $1.661\,3\times10^{-3}$、$-8.114\,6\times10^{-4}$、$-9.010\,1\times10^{-4}$，验证了动态参数计算方法的准确性和高阶瞬发 α 谐波滤除的有效性。

参考文献

[1] 谢金森，于涛，左国平，何丽华，李小华. 高次谐波滤除方法在 ADS 次临界堆瞬发中子衰减常数计算中的应用［J]. 核动力工程，2013，34（s1)：14-17.

[2] 罗璋琳，史永谦，潘泽飞. 实验反应堆物理导论［M]. 哈尔滨工程大学出版社，2011.

[3] Perdu F.，Loiseaux J. M.，Billebaud A.，et al. Prompt reactivity determination in a subcritical assembly through the response to a dirac pulse［J]. Prongress in Nuclear Energy，2003，42（1)：107-120.

第 8 章

结束语

8.1　本书主要内容与创新

作为嬗变高放核废料的理想装置，ADS 是未来洁净核能系统的重要组成部分。深次临界与外中子源驱动，使得 ADS 次临界反应堆具有不同与传统临界反应堆的中子学特性。针对 ADS 次临界反应堆基波与高阶谐波共存的实际问题，本书介绍了用于 ADS 次临界反应中子注量率重构的谐波展开方法，并在国内首次开展了基于谐波展开方法的 ADS 次临界反应堆物理特性研究。

为了实现对高阶谐波及其本征值的计算，本书介绍了基于 IRAM 算法的谐波计算程序 HARMONY，该程序可以处理一维、二维、三维笛卡儿坐标系多群中子扩散方程的 λ、瞬发 α 和缓发 α 本征值问题，具备任意阶数谐波及共轭谐波计算能力，并通过基准题验证了 HARMONY 程序的计算精度。

针对 ADS 次临界反应堆，为了得到谐波分析方法的参考值，本书介绍了稳态外中子源和脉冲中子源驱动下的中子注量率直接计算程序 ADS_STEADY 和 ADS_PNS。以三维四群 ADS 次临界反应堆问题为对象，计算了不同次临界度下的稳态中子注量率和 k_s，以及脉冲中子注入后的中子注量率随时间的变化，并将直接计算结果作为 ADS 次临界反应堆物理特性谐波展开方法研究的参考结果。

基于谐波展开理论，本书介绍了 ADS 次临界反应堆中子注量率的谐波重构程序 HARM_RECON。由 HARMONY 程序计算了 ADS 次临界反应堆的前 200 阶 λ 和瞬发 α 谐波，采用 HARM_RECON 程序重构了 ADS 次临界反应堆的中子注量率时空特性，进而从谐波角度较为深入地分析了 ADS 次临界反应堆的稳态与动态物理特性。

基于中子时空动力学方程，推导了与静态反应性相联系的 ADS 次临界反应堆点堆动力学方程，并对动态参数权重函数和正则通量的选取进行了探讨与验证分析。

在本书主要内容基础上，得到如下结论：

1）采用 λ 和瞬发 α 谐波均能够较好地重构出 ADS 次临界反应堆的稳态中子注量率。对 ADS 次临界反应堆稳态中子注量率有贡献的主要为 $n=1$，8，10，25，28，38，45，50，67，74，87，101，109，118，123，139，140，141，154，165，182，200 阶 λ 和瞬发 α 谐波。在相同的谐波展开阶数下，稳态中子注量率重构误差随次临界的加深而增大，对于 $k_{eff}=0.93$、0.96、0.99，由前 200 阶 λ 和瞬发 α 谐波重构的稳态中子注量率与参考结果的最大相对误差分别为 18.839%、8.870 2%、0.722 17%和 24.265%、1.139 2%、

0.923 99%。对于 ADS 次临界反应堆稳态中子注量率重构 λ 谐波具有更高的精度。

2）随次临界度的加深，高阶谐波对 ADS 次临界反应堆稳态中子注量率贡献增大，稳态中子注量率与 λ 基波的偏离程度变大，使得 ADS 次临界反应堆外中子源附近的中子注量率相对份额变高，进而 k_s 与 k_{eff} 的正偏差随次临界度加深而增大。随谐波展开阶数的增加，由谐波重构的中子注量率计算出的 k_s 呈现先增大后减小，并在 150 阶后逐渐趋于稳定，由前 200 阶 λ 和瞬发 α 谐波重构得到的 k_s 与参考结果的相对误差分别小于 1.0×10^{-4} 和 1.0×10^{-3}。

3）在脉冲中子源注入下，高阶瞬发 α 谐波的影响的时间区域随次临界度加深而增大，对于 k_{eff}=0.93、0.96、0.99，ADS 次临界反应堆瞬发中子分别在 1 180 μs、1 050 μs、1 020 μs 后进入瞬发 α 基波衰减模式，此后不同位置处的中子注量率拟合得到的瞬发中子衰减常数与空间位置无关，并且与 HARMONY 程序直接给出的瞬发 α 基波本征值吻合较好，相对偏差最大为 −2.076 2%。

4）采用前 200 阶瞬发 α 谐波对脉冲中子源注入下的 ADS 次临界反应堆非稳态中子注量率进行重构，对于 k_{eff}=0.93、0.96、0.99，中子注量率重构误差分别在 240 μs、170 μs、160 μs 后的小于 0.1%。

5）当动力学参数权重函数采用共轭 λ 基波（即“中子价值”）时，可得到与静态反应性相联系的点堆动力学方程。同时采用瞬发 α 基波作为中子注量率，可较为精确地计算出脉冲中子源实验所需的动态参数。随次临界度的加深，平均中子代时间增大。基于中子价值理论和瞬发 α 基波本征值方程，推导出了脉冲中子源实验所需动态参数 l、β_{eff}、Λ 之间的关，并从数值和理论上对 l 和 Λ 随次临界度的变化趋势给予和合理解释。由计算得到的动态参数和瞬发中子衰减常数拟合值，采用瞬发 α 方法能够较为精确地得到次临界度，对于 k_{eff}=0.93、0.96、0.99，瞬发 α 方法得到的 k_{eff} 相对误差分别为 $1.661\,3\times10^{-3}$、$-8.114\,6\times10^{-4}$、$-9.010\,1\times10^{-4}$。

8.2 后续的展望

1）目前本书所介绍的谐波计算程序的求解器基于中子扩散理论，对于复杂环境的中子学计算能力有待加强，参考本书的工作者可将求解器逐步升级为更加先进的中子输运计算方法（如 MOC、SN 等）。

2）编写本书时，开展的计算工作发现计算 α 谐波的效率要明显低于计算 λ 谐波，这是由于经过多群近似和空间变量后得到的 α 本征值问题中矩阵元素的对角占有性减弱导致的，参考本书的工作者可研究其他内迭代算法（如 GRMES）处理非对角占有矩阵的性能。

3）本书虽然对基准题和 ADS 次临界反应堆的谐波空间分布特性进行了研究，但缺乏数学上的抽象，参考本书的工作者可进一步深入研究谐波分布特性的数学规律，特别是对于非裸堆的多维多群问题。

4）本书向读者所展示的主要是理论工作，参考本书的工作者可在升级求解器的基础上，提升谐波分析方法对于实际反应堆问题的模拟能力，并开展实际的 ADS 次临界反应堆物理实验，用理论结合实验的方法开展更加深入的研究。

5）谐波目前在沸水堆的功率稳定性和反应堆（压水堆、高温气冷堆）功率重构方面已经取得了应用，鉴于谐波分析在高阶扰动问题中的潜在应用，参考本书的工作者可尝试开展基于高阶谐波的微扰计算和中子学噪声分析应用研究。

附录 1

1.1 SLAB_1D_1G 基准题参数

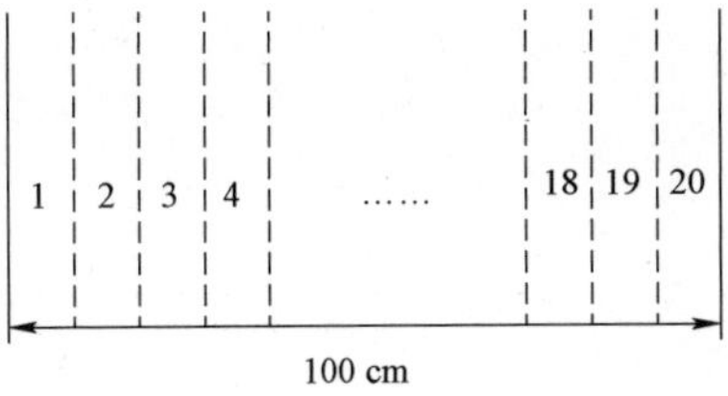

附图 1-1 SLAB_1D_1G 一维平板基准题堆芯布置

附表 1-1 SLAB_1D_1G 一维平板基准题参数

D/cm	Σ_a /cm^{-1}	$\upsilon\Sigma_f$ /cm^{-1}
4.170×10^{-1}	2.000×10^{-1}	1.960×10^{-1}

附表 1-2 SLAB_1D_1G 一维平板基准题参数

v/（cm·s^{-1}）	β
2.200×10^{5}	6.500×10^{-3}

1.2 SLAB_1D_2G 基准题参数

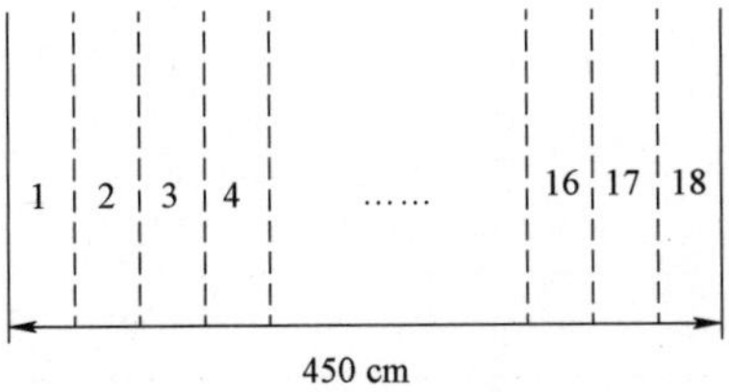

附图 1-2 SLAB_1D_2G 一维平板基准题堆芯布置

附表 1-3 SLAB_1D_2G 一维平板基准题参数

能群	D/cm	Σ_R/cm^{-1}	$\upsilon\Sigma_f$ /cm^{-1}	χ_p/χ_d	$\Sigma_{1\to2}$/cm^{-1}
1	1.264	8.154×10^{-3}	0.000	1.00	7.368×10^{-3}
2	9.328×10^{-1}	4.100×10^{-3}	4.562×10^{-3}	0.00	

附表 1-4　SLAB_1D_2G 一维平板基准题动态参数

β	λ/s^{-1}	v_1/（cm・s^{-1}）	v_2/（cm・s^{-1}）
6.50×10^{-3}	8.40×10^{-2}	1.00×10^{7}	3.00×10^{5}

1.3　IAEA_2D_2G 基准题参数

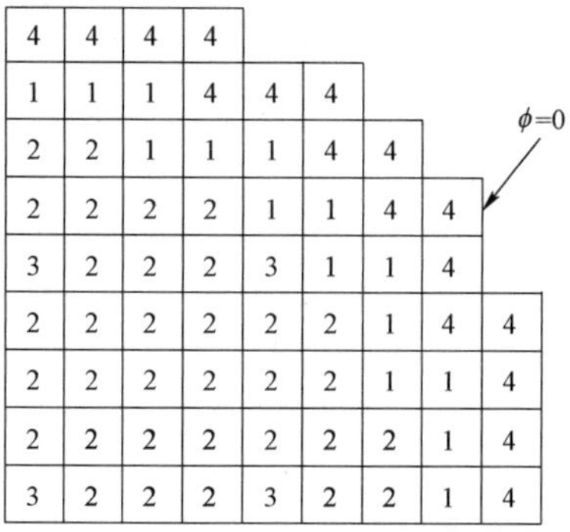

附图 1-3　IAEA_2D_2G 基准题 1/4 堆芯布置

附表 1-5　IAEA_2D_2G 基准题组件均匀化参数

材料	能群	D/cm	Σ_t/cm^{-1}	$\upsilon\Sigma_f$/cm^{-1}	χ	$\Sigma_{1\to2}$/cm^{-1}
1	1	1.500 0	$3.012\ 00\times10^{-2}$	0.000 0	1.00	0.20×10^{-1}
	2	$4.000\ 0\times10^{-1}$	$8.003\ 20\times10^{-2}$	$1.350\ 0\times10^{-1}$	0.00	
2	1	1.500 0	$3.012\ 00\times10^{-2}$	0.000 0	1.00	0.20×10^{-1}
	2	$4.000\ 0\times10^{-1}$	$8.503\ 20\times10^{-2}$	$1.350\ 0\times10^{-1}$	0.00	
3	1	1.500 0	$3.012\ 00\times10^{-2}$	0.000 0	1.00	0.20×10^{-1}
	2	$4.000\ 0\times10^{-1}$	$1.300\ 32\times10^{-1}$	$1.350\ 0\times10^{-1}$	0.00	
4	1	2.000 0	$4.016\ 00\times10^{-2}$	0.000 0	0.00	0.40×10^{-1}
	2	$3.000\ 0\times10^{-1}$	$1.002\ 40\times10^{-2}$	0.000 0	0.00	

组件尺寸：20 cm × 20 cm。

1.4　BIBLIS_2D_2G 基准题参数

$\phi=0$

3	3	3	3	3				
4	4	4	4	3	3	3		
1	1	1	8	4	4	3	3	
7	1	7	1	5	4	4	3	
1	8	2	8	2	5	4	3	3
6	2	8	2	8	1	8	4	3
2	8	1	8	2	7	1	4	3
8	1	8	2	8	1	1	4	3
1	8	2	6	1	7	1	4	3

附图 1-4　BIBLIS_2D_2G 基准题 1/4 堆芯布置

附表 1-6　BIBLIS_2D_2G 基准题组件均匀化参数

材料	能群	D/cm	Σ_t /cm^{-1}	$\upsilon\Sigma_f$ /cm^{-1}	χ	$\Sigma_{1\to2}$/cm^{-1}
1	1	1.436 00	$2.725\ 82\times10^{-2}$	$5.870\ 80\times10^{-3}$	1.00	$1.775\ 4\times10^{-2}$
	2	$3.635\ 00\times10^{-1}$	$7.505\ 80\times10^{-2}$	$9.606\ 70\times10^{-2}$	0.00	
2	1	1.436 60	$2.729\ 95\times10^{-2}$	$6.190\ 80\times10^{-3}$	1.00	$1.762\ 1\times10^{-2}$
	2	$3.636\ 00\times10^{-1}$	$7.843\ 600\times10^{-2}$	$1.035\ 80\times10^{-1}$	0.00	
3	1	1.320 00	$2.576\ 22\times10^{-2}$	0.000 00	0.00	$2.310\ 6\times10^{-2}$
	2	$2.772\ 00\times10^{-1}$	$7.159\ 60\times10^{-2}$	0.000 00	0.00	
4	1	1.438 90	$2.746\ 40\times10^{-2}$	$7.452\ 70\times10^{-3}$	1.00	$1.710\ 1\times10^{-2}$
	2	$3.638\ 00\times10^{-1}$	$9.140\ 80\times10^{-2}$	$1.323\ 60\times10^{-1}$	0.00	
5	1	1.438 10	$2.729\ 30\times10^{-2}$	$6.190\ 80\times10^{-3}$	1.00	$1.729\ 0\times10^{-2}$
	2	$3.665\ 00\times10^{-1}$	$8.482\ 80\times10^{-2}$	$1.035\ 80\times10^{-1}$	0.00	
6	1	1.438 50	$2.732\ 40\times10^{-2}$	$6.428\ 50\times10^{-3}$	1.00	$1.719\ 2\times10^{-2}$
	2	$3.665\ 00\times10^{-1}$	$8.731\ 40\times10^{-2}$	$1.091\ 10\times10^{-1}$	0.00	
7	1	1.438 90	$2.729\ 00\times10^{-2}$	$6.190\ 80\times10^{-3}$	1.00	$1.712\ 5\times10^{-2}$
	2	$3.679\ 00\times10^{-1}$	$8.802\ 40\times10^{-2}$	$1.035\ 80\times10^{-1}$	0.00	
8	1	1.439 30	$2.732\ 100\times10^{-2}$	$6.428\ 50\times10^{-3}$	1.00	$1.702\ 7\times10^{-2}$
	2	$3.680\ 00\times10^{-1}$	$9.051\ 00\times10^{-2}$	$1.091\ 10\times10^{-1}$	0.00	

组件尺寸：23.122 6 cm × 23.122 6 cm。

1.5　PHWR_3D_2G 基准题参数

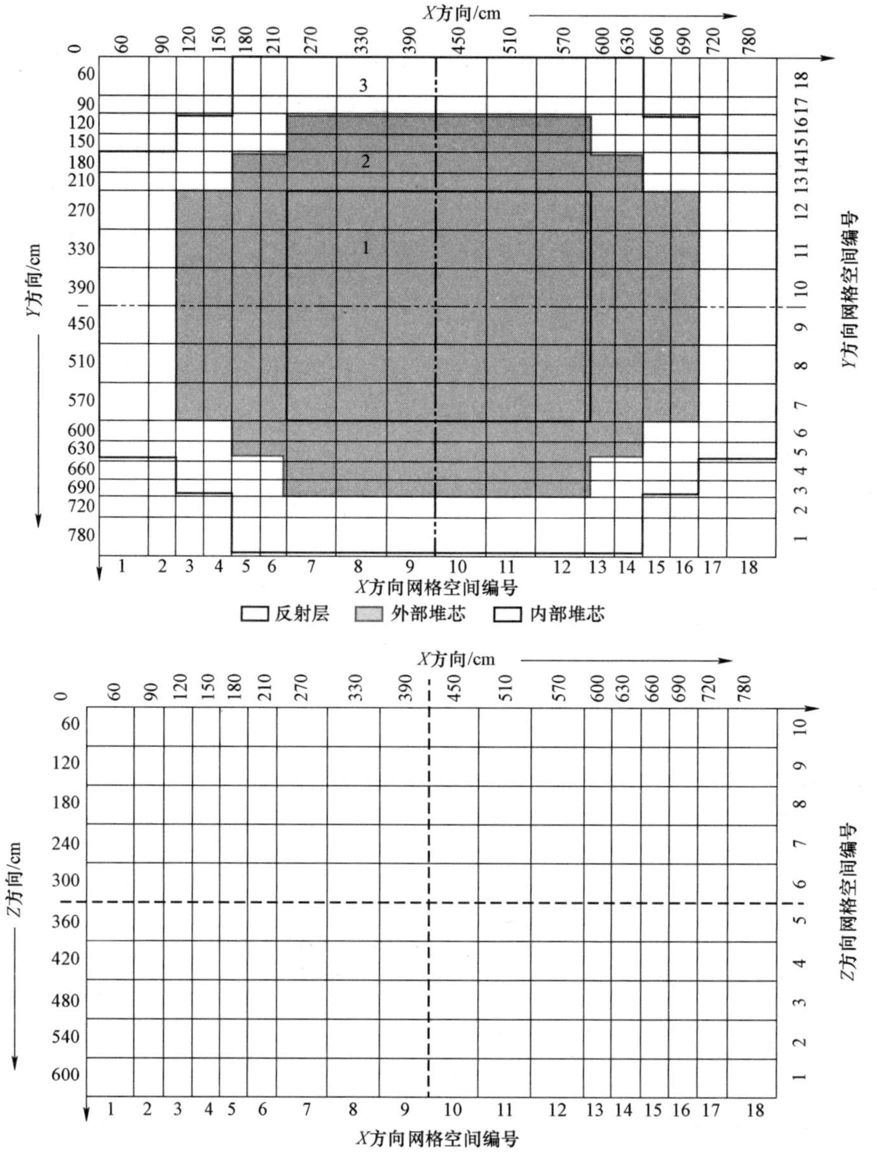

附图 1-5　PHWR_3D_2G 基准题堆芯布置

附表 1-7　PHWR_3D_2G 基准题组件均匀化参数

材料	能群	D/cm	Σ_t /cm^{-1}	$\upsilon\Sigma_f$ /cm^{-1}	χ_p/χ_d	$\Sigma_{1\to2}$/cm^{-1}
1	1	1.264 0	$8.154\,0\times10^{-3}$	0.000 0	1.000 0	$7.368\,0\times10^{-3}$
	2	$9.328\,0\times10^{-1}$	$4.100\,0\times10^{-3}$	$4.562\,0\times10^{-3}$	0.000 0	

续表

材料	能群	D/cm	Σ_t /cm^{-1}	$\upsilon\Sigma_f$ /cm^{-1}	χ_p/χ_d	$\Sigma_{1\to2}$/cm^{-1}
2	1	1.264 0	$8.154\ 0\times10^{-3}$	0.000 0	1.000 0	$7.368\ 0\times10^{-3}$
	2	$9.328\ 0\times10^{-1}$	$4.014\ 0\times10^{-3}$	$4.723\ 0\times10^{-3}$	0.000 0	
3	1	1.310 0	$1.018\ 0\times10^{-2}$	0.000 0	0.000 0	$1.018\ 0\times10^{-2}$
	2	$8.695\ 0\times10^{-1}$	$2.117\ 0\times10^{-4}$	0.000 0	0.000 0	

附表 1-8　PHWR_3D_2G 基准题动力学参数

β	λ/s^{-1}	v_1/（cm · s^{-1}）	v_2/（cm · s^{-1}）
$6.500\ 0\times10^{-3}$	$8.400\ 0\times10^{-2}$	$1.000\ 0\times10^{7}$	$3.000\ 0\times10^{5}$

1.6　ADS 次临界反应堆堆芯参数

附表 1-9　ADS 堆芯组件均匀化参数

能群	1	2	3	4
D/cm	2.223 3	1.149 1	$6.932\ 2\times10^{-1}$	$2.638\ 6\times10^{-1}$
Σ_t /cm^{-1}	$7.122\ 6\times10^{-2}$	$7.459\ 7\times10^{-2}$	$8.678\ 3\times10^{-2}$	$1.108\ 5\times10^{-1}$
$\upsilon\Sigma_f$ /cm^{-1}	$5.572\ 6\times10^{-3}$	$1.369\ 4\times10^{-3}$	$1.661\ 3\times10^{-2}$	$1.290\ 6\times10^{-1}$
	$5.403\ 7\times10^{-3}$	$1.327\ 9\times10^{-3}$	$1.611\ 0\times10^{-2}$	$1.251\ 5\times10^{-1}$
	$5.234\ 9\times10^{-3}$	$1.286\ 4\times10^{-3}$	$1.560\ 6\times10^{-2}$	$1.212\ 4\times10^{-1}$
$\Sigma_{g\to g+1}$/cm^{-1}	$6.831\ 2\times10^{-2}$	$7.263\ 0\times10^{-2}$	$6.370\ 5\times10^{-2}$	0.000 0
χ_p	$7.556\ 0\times10^{-1}$	$2.438\ 2\times10^{-1}$	$5.800\ 0\times10^{-4}$	0.000 0
χ_d	$7.556\ 0\times10^{-1}$	$2.438\ 2\times10^{-1}$	$5.800\ 0\times10^{-4}$	0.000 0

附表 1-10　ADS 反射层组件均匀化参数

能群	1	2	3	4
D/cm	1.101 2	$5.109\ 6\times10^{-1}$	$2.745\ 3\times10^{-1}$	$1.516\ 0\times10^{-1}$
Σ_t /cm^{-1}	$1.180\ 3\times10^{-1}$	$1.165\ 0\times10^{-1}$	$1.266\ 3\times10^{-1}$	$1.444\ 9\times10^{-1}$
$\Sigma_{g\to g+1}$/cm^{-1}	$1.166\ 4\times10^{-1}$	$1.156\ 4\times10^{-1}$	$1.118\ 7\times10^{-1}$	0.000 0

附表 1-11　ADS 堆芯动力学参数

组号	1	2	3	4	5	6
β_i	$2.575\ 0\times10^{-4}$	$1.485\ 3\times10^{-3}$	$1.337\ 8\times10^{-3}$	$2.920\ 4\times10^{-3}$	$9.885\ 0\times10^{-4}$	$2.192\ 6\times10^{-4}$
λ_i /s^{-1}	$1.270\ 0\times10^{-2}$	$3.180\ 0\times10^{-2}$	$1.178\ 0\times10^{-1}$	$3.152\ 0\times10^{-1}$	1.401 5	3.905 6
v_1/（cm · s^{-1}）	$1.960\ 0\times10^{9}$					

续表

组号	1	2	3	4	5	6
v_2/（cm · s^{-1}）	$4.640\,0 \times 10^8$					
v_3/（cm · s^{-1}）	$6.230\,0 \times 10^6$					
v_4/（cm · s^{-1}）	$4.260\,0 \times 10^5$					

附录 2

2.1 ADS 次临界反应堆谐波本征值计算结果（$k_{eff}=0.93$）

谐波阶数 n	λ 本征值	瞬发 α 本征值*/s^{-1}	瞬发 α 本征值**/s^{-1}
1	$9.300\,82\times10^{-1}$	$-4.219\,27\times10^{3}$	$-3.854\,80\times10^{3}$
2	$8.730\,21\times10^{-1}$	$-7.305\,40\times10^{3}$	$-6.968\,54\times10^{3}$
3	$8.633\,40\times10^{-1}$	$-7.825\,95\times10^{3}$	$-7.493\,72\times10^{3}$
4	$8.633\,40\times10^{-1}$	$-7.825\,95\times10^{3}$	$-7.493\,72\times10^{3}$
5	$8.123\,41\times10^{-1}$	$-1.055\,89\times10^{4}$	$-1.025\,06\times10^{4}$
6	$8.123\,41\times10^{-1}$	$-1.055\,89\times10^{4}$	$-1.025\,06\times10^{4}$
7	$7.931\,67\times10^{-1}$	$-1.158\,14\times10^{4}$	$-1.128\,20\times10^{4}$
8	$7.885\,87\times10^{-1}$	$-1.182\,63\times10^{4}$	$-1.152\,90\times10^{4}$
9	$7.815\,76\times10^{-1}$	$-1.219\,79\times10^{4}$	$-1.190\,39\times10^{4}$
10	$7.608\,52\times10^{-1}$	$-1.329\,91\times10^{4}$	$-1.301\,45\times10^{4}$
11	$7.482\,81\times10^{-1}$	$-1.396\,69\times10^{4}$	$-1.368\,80\times10^{4}$
12	$7.376\,72\times10^{-1}$	$-1.452\,84\times10^{4}$	$-1.425\,43\times10^{4}$
13	$7.365\,04\times10^{-1}$	$-1.459\,11\times10^{4}$	$-1.431\,75\times10^{4}$
14	$7.365\,04\times10^{-1}$	$-1.459\,11\times10^{4}$	$-1.431\,75\times10^{4}$
15	$7.186\,89\times10^{-1}$	$-1.553\,26\times10^{4}$	$-1.526\,70\times10^{4}$
16	$7.117\,48\times10^{-1}$	$-1.589\,99\times10^{4}$	$-1.563\,74\times10^{4}$
17	$7.117\,48\times10^{-1}$	$-1.589\,99\times10^{4}$	$-1.563\,74\times10^{4}$
18	$6.907\,34\times10^{-1}$	$-1.701\,03\times10^{4}$	$-1.675\,70\times10^{4}$
19	$6.811\,77\times10^{-1}$	$-1.751\,40\times10^{4}$	$-1.726\,49\times10^{4}$
20	$6.736\,08\times10^{-1}$	$-1.791\,27\times10^{4}$	$-1.766\,69\times10^{4}$
21	$6.736\,08\times10^{-1}$	$-1.791\,27\times10^{4}$	$-1.766\,69\times10^{4}$
22	$6.719\,77\times10^{-1}$	$-1.799\,81\times10^{4}$	$-1.775\,30\times10^{4}$
23	$6.618\,15\times10^{-1}$	$-1.853\,12\times10^{4}$	$-1.829\,06\times10^{4}$
24	$6.618\,15\times10^{-1}$	$-1.853\,12\times10^{4}$	$-1.829\,06\times10^{4}$
25	$6.554\,93\times10^{-1}$	$-1.886\,59\times10^{4}$	$-1.862\,80\times10^{4}$
26	$6.480\,36\times10^{-1}$	$-1.925\,92\times10^{4}$	$-1.902\,45\times10^{4}$
27	$6.480\,36\times10^{-1}$	$-1.925\,92\times10^{4}$	$-1.902\,45\times10^{4}$

续表

谐波阶数 n	λ 本征值	瞬发 α 本征值*/s^{-1}	瞬发 α 本征值**/s^{-1}
28	$6.473\,92\times10^{-1}$	$-1.929\,49\times10^{4}$	$-1.906\,04\times10^{4}$
29	$6.276\,21\times10^{-1}$	$-2.033\,09\times10^{4}$	$-2.010\,49\times10^{4}$
30	$6.276\,21\times10^{-1}$	$-2.033\,09\times10^{4}$	$-2.010\,49\times10^{4}$
31	$6.271\,95\times10^{-1}$	$-2.035\,55\times10^{4}$	$-2.012\,97\times10^{4}$
32	$6.162\,19\times10^{-1}$	$-2.093\,36\times10^{4}$	$-2.071\,24\times10^{4}$
33	$6.162\,19\times10^{-1}$	$-2.093\,36\times10^{4}$	$-2.071\,24\times10^{4}$
34	$6.143\,10\times10^{-1}$	$-2.103\,60\times10^{4}$	$-2.081\,56\times10^{4}$
35	$6.023\,34\times10^{-1}$	$-2.166\,33\times10^{4}$	$-2.144\,80\times10^{4}$
36	$5.956\,48\times10^{-1}$	$-2.201\,53\times10^{4}$	$-2.180\,27\times10^{4}$
37	$5.946\,98\times10^{-1}$	$-2.206\,39\times10^{4}$	$-2.185\,18\times10^{4}$
38	$5.931\,71\times10^{-1}$	$-2.214\,39\times10^{4}$	$-2.193\,25\times10^{4}$
39	$5.917\,37\times10^{-1}$	$-2.221\,95\times10^{4}$	$-2.200\,86\times10^{4}$
40	$5.809\,90\times10^{-1}$	$-2.278\,43\times10^{4}$	$-2.257\,79\times10^{4}$
41	$5.759\,56\times10^{-1}$	$-2.304\,82\times10^{4}$	$-2.284\,38\times10^{4}$
42	$5.759\,56\times10^{-1}$	$-2.304\,82\times10^{4}$	$-2.284\,38\times10^{4}$
43	$5.727\,83\times10^{-1}$	$-2.322\,28\times10^{4}$	$-2.301\,97\times10^{4}$
44	$5.727\,83\times10^{-1}$	$-2.322\,28\times10^{4}$	$-2.301\,97\times10^{4}$
45	$5.642\,69\times10^{-1}$	$-2.366\,93\times10^{4}$	$-2.346\,97\times10^{4}$
46	$5.636\,16\times10^{-1}$	$-2.369\,38\times10^{4}$	$-2.349\,46\times10^{4}$
47	$5.628\,30\times10^{-1}$	$-2.374\,09\times10^{4}$	$-2.354\,20\times10^{4}$
48	$5.591\,77\times10^{-1}$	$-2.393\,17\times10^{4}$	$-2.373\,44\times10^{4}$
49	$5.591\,77\times10^{-1}$	$-2.393\,17\times10^{4}$	$-2.373\,44\times10^{4}$
50	$5.573\,34\times10^{-1}$	$-2.402\,40\times10^{4}$	$-2.382\,75\times10^{4}$
51	$5.482\,04\times10^{-1}$	$-2.451\,20\times10^{4}$	$-2.431\,91\times10^{4}$
52	$5.482\,04\times10^{-1}$	$-2.451\,20\times10^{4}$	$-2.431\,91\times10^{4}$
53	$5.478\,45\times10^{-1}$	$-2.453\,16\times10^{4}$	$-2.433\,88\times10^{4}$
54	$5.452\,50\times10^{-1}$	$-2.467\,38\times10^{4}$	$-2.448\,20\times10^{4}$
55	$5.452\,50\times10^{-1}$	$-2.467\,38\times10^{4}$	$-2.448\,20\times10^{4}$
56	$5.367\,39\times10^{-1}$	$-2.511\,02\times10^{4}$	$-2.492\,20\times10^{4}$
57	$5.309\,05\times10^{-1}$	$-2.541\,74\times10^{4}$	$-2.523\,16\times10^{4}$
58	$5.268\,00\times10^{-1}$	$-2.565\,52\times10^{4}$	$-2.547\,10\times10^{4}$
59	$5.225\,00\times10^{-1}$	$-2.586\,54\times10^{4}$	$-2.568\,29\times10^{4}$
60	$5.188\,87\times10^{-1}$	$-2.605\,80\times10^{4}$	$-2.587\,70\times10^{4}$

续表

谐波阶数 n	λ 本征值	瞬发 α 本征值*/s^{-1}	瞬发 α 本征值**/s^{-1}
61	$5.163\,40\times10^{-1}$	$-2.618\,97\times10^{4}$	$-2.600\,98\times10^{4}$
62	$5.143\,81\times10^{-1}$	$-2.629\,27\times10^{4}$	$-2.611\,36\times10^{4}$
63	$5.143\,81\times10^{-1}$	$-2.629\,27\times10^{4}$	$-2.611\,36\times10^{4}$
64	$5.069\,60\times10^{-1}$	$-2.668\,39\times10^{4}$	$-2.650\,78\times10^{4}$
65	$5.069\,60\times10^{-1}$	$-2.668\,39\times10^{4}$	$-2.650\,78\times10^{4}$
66	$5.054\,55\times10^{-1}$	$-2.676\,26\times10^{4}$	$-2.658\,71\times10^{4}$
67	$5.052\,59\times10^{-1}$	$-2.677\,48\times10^{4}$	$-2.659\,94\times10^{4}$
68	$5.045\,36\times10^{-1}$	$-2.682\,09\times10^{4}$	$-2.664\,56\times10^{4}$
69	$5.033\,34\times10^{-1}$	$-2.688\,85\times10^{4}$	$-2.671\,37\times10^{4}$
70	$5.033\,34\times10^{-1}$	$-2.688\,85\times10^{4}$	$-2.671\,37\times10^{4}$
71	$5.025\,16\times10^{-1}$	$-2.694\,08\times10^{4}$	$-2.676\,62\times10^{4}$
72	$4.957\,82\times10^{-1}$	$-2.727\,49\times10^{4}$	$-2.710\,31\times10^{4}$
73	$4.906\,51\times10^{-1}$	$-2.754\,85\times10^{4}$	$-2.737\,89\times10^{4}$
74	$4.906\,07\times10^{-1}$	$-2.755\,35\times10^{4}$	$-2.738\,38\times10^{4}$
75	$4.895\,08\times10^{-1}$	$-2.760\,89\times10^{4}$	$-2.743\,97\times10^{4}$
76	$4.840\,29\times10^{-1}$	$-2.790\,00\times10^{4}$	$-2.773\,30\times10^{4}$
77	$4.840\,29\times10^{-1}$	$-2.790\,00\times10^{4}$	$-2.773\,30\times10^{4}$
78	$4.786\,94\times10^{-1}$	$-2.818\,10\times10^{4}$	$-2.801\,61\times10^{4}$
79	$4.786\,94\times10^{-1}$	$-2.818\,10\times10^{4}$	$-2.801\,61\times10^{4}$
80	$4.786\,51\times10^{-1}$	$-2.818\,82\times10^{4}$	$-2.802\,32\times10^{4}$
81	$4.786\,51\times10^{-1}$	$-2.818\,82\times10^{4}$	$-2.802\,32\times10^{4}$
82	$4.702\,86\times10^{-1}$	$-2.862\,49\times10^{4}$	$-2.846\,33\times10^{4}$
83	$4.702\,86\times10^{-1}$	$-2.862\,49\times10^{4}$	$-2.846\,33\times10^{4}$
84	$4.677\,38\times10^{-1}$	$-2.876\,75\times10^{4}$	$-2.860\,67\times10^{4}$
85	$4.660\,91\times10^{-1}$	$-2.885\,73\times10^{4}$	$-2.869\,72\times10^{4}$
86	$4.653\,90\times10^{-1}$	$-2.891\,48\times10^{4}$	$-2.875\,49\times10^{4}$
87	$4.619\,49\times10^{-1}$	$-2.908\,19\times10^{4}$	$-2.892\,36\times10^{4}$
88	$4.555\,18\times10^{-1}$	$-2.943\,08\times10^{4}$	$-2.927\,49\times10^{4}$
89	$4.555\,18\times10^{-1}$	$-2.943\,08\times10^{4}$	$-2.927\,49\times10^{4}$
90	$4.528\,58\times10^{-1}$	$-2.957\,31\times10^{4}$	$-2.941\,82\times10^{4}$
91	$4.528\,58\times10^{-1}$	$-2.957\,31\times10^{4}$	$-2.941\,82\times10^{4}$
92	$4.510\,12\times10^{-1}$	$-2.965\,70\times10^{4}$	$-2.950\,29\times10^{4}$
93	$4.510\,12\times10^{-1}$	$-2.965\,70\times10^{4}$	$-2.950\,29\times10^{4}$

续表

谐波阶数 n	λ 本征值	瞬发 α 本征值*/s^{-1}	瞬发 α 本征值**/s^{-1}
94	$4.497\ 87\times10^{-1}$	$-2.971\ 99\times10^{4}$	$-2.956\ 62\times10^{4}$
95	$4.497\ 87\times10^{-1}$	$-2.971\ 99\times10^{4}$	$-2.956\ 62\times10^{4}$
96	$4.495\ 96\times10^{-1}$	$-2.973\ 27\times10^{4}$	$-2.957\ 92\times10^{4}$
97	$4.489\ 01\times10^{-1}$	$-2.977\ 25\times10^{4}$	$-2.961\ 92\times10^{4}$
98	$4.489\ 01\times10^{-1}$	$-2.977\ 25\times10^{4}$	$-2.961\ 92\times10^{4}$
99	$4.464\ 07\times10^{-1}$	$-2.990\ 28\times10^{4}$	$-2.975\ 04\times10^{4}$
100	$4.446\ 84\times10^{-1}$	$-2.999\ 47\times10^{4}$	$-2.984\ 31\times10^{4}$
101	$4.429\ 47\times10^{-1}$	$-3.009\ 77\times10^{4}$	$-2.994\ 67\times10^{4}$
102	$4.420\ 06\times10^{-1}$	$-3.013\ 88\times10^{4}$	$-2.998\ 82\times10^{4}$
103	$4.419\ 84\times10^{-1}$	$-3.014\ 99\times10^{4}$	$-2.999\ 92\times10^{4}$
104	$4.365\ 31\times10^{-1}$	$-3.043\ 95\times10^{4}$	$-3.029\ 10\times10^{4}$
105	$4.359\ 77\times10^{-1}$	$-3.046\ 83\times10^{4}$	$-3.032\ 01\times10^{4}$
106	$4.359\ 77\times10^{-1}$	$-3.047\ 94\times10^{4}$	$-3.033\ 10\times10^{4}$
107	$4.358\ 34\times10^{-1}$	$-3.047\ 94\times10^{4}$	$-3.033\ 10\times10^{4}$
108	$4.343\ 42\times10^{-1}$	$-3.055\ 51\times10^{4}$	$-3.040\ 73\times10^{4}$
109	$4.321\ 26\times10^{-1}$	$-3.066\ 32\times10^{4}$	$-3.051\ 66\times10^{4}$
110	$4.315\ 21\times10^{-1}$	$-3.070\ 76\times10^{4}$	$-3.056\ 10\times10^{4}$
111	$4.243\ 47\times10^{-1}$	$-3.108\ 42\times10^{4}$	$-3.094\ 04\times10^{4}$
112	$4.204\ 27\times10^{-1}$	$-3.132\ 70\times10^{4}$	$-3.118\ 45\times10^{4}$
113	$4.182\ 78\times10^{-1}$	$-3.141\ 41\times10^{4}$	$-3.127\ 26\times10^{4}$
114	$4.182\ 78\times10^{-1}$	$-3.141\ 41\times10^{4}$	$-3.127\ 26\times10^{4}$
115	$4.181\ 98\times10^{-1}$	$-3.142\ 87\times10^{4}$	$-3.128\ 72\times10^{4}$
116	$4.144\ 97\times10^{-1}$	$-3.162\ 14\times10^{4}$	$-3.148\ 13\times10^{4}$
117	$4.144\ 97\times10^{-1}$	$-3.162\ 14\times10^{4}$	$-3.148\ 13\times10^{4}$
118	$4.113\ 13\times10^{-1}$	$-3.179\ 96\times10^{4}$	$-3.166\ 08\times10^{4}$
119	$4.112\ 42\times10^{-1}$	$-3.180\ 44\times10^{4}$	$-3.166\ 55\times10^{4}$
120	$4.109\ 50\times10^{-1}$	$-3.180\ 57\times10^{4}$	$-3.166\ 71\times10^{4}$
121	$4.109\ 50\times10^{-1}$	$-3.180\ 57\times10^{4}$	$-3.166\ 71\times10^{4}$
122	$4.093\ 47\times10^{-1}$	$-3.191\ 09\times10^{4}$	$-3.177\ 27\times10^{4}$
123	$4.083\ 44\times10^{-1}$	$-3.198\ 00\times10^{4}$	$-3.184\ 23\times10^{4}$
124	$4.067\ 73\times10^{-1}$	$-3.203\ 59\times10^{4}$	$-3.189\ 88\times10^{4}$
125	$4.062\ 47\times10^{-1}$	$-3.206\ 94\times10^{4}$	$-3.193\ 25\times10^{4}$
126	$4.062\ 47\times10^{-1}$	$-3.206\ 94\times10^{4}$	$-3.193\ 25\times10^{4}$

续表

谐波阶数 n	λ 本征值	瞬发 α 本征值*/s^{-1}	瞬发 α 本征值**/s^{-1}
127	$4.059\ 00\times10^{-1}$	$-3.210\ 51\times10^{4}$	$-3.196\ 82\times10^{4}$
128	$4.059\ 00\times10^{-1}$	$-3.210\ 51\times10^{4}$	$-3.196\ 82\times10^{4}$
129	$4.002\ 85\times10^{-1}$	$-3.240\ 56\times10^{4}$	$-3.227\ 08\times10^{4}$
130	$4.002\ 85\times10^{-1}$	$-3.240\ 56\times10^{4}$	$-3.227\ 08\times10^{4}$
131	$3.949\ 09\times10^{-1}$	$-3.268\ 11\times10^{4}$	$-3.254\ 85\times10^{4}$
132	$3.942\ 36\times10^{-1}$	$-3.272\ 10\times10^{4}$	$-3.258\ 87\times10^{4}$
133	$3.942\ 36\times10^{-1}$	$-3.272\ 10\times10^{4}$	$-3.258\ 87\times10^{4}$
134	$3.937\ 06\times10^{-1}$	$-3.275\ 48\times10^{4}$	$-3.262\ 25\times10^{4}$
135	$3.926\ 77\times10^{-1}$	$-3.280\ 75\times10^{4}$	$-3.267\ 59\times10^{4}$
136	$3.924\ 37\times10^{-1}$	$-3.282\ 04\times10^{4}$	$-3.268\ 84\times10^{4}$
137	$3.921\ 83\times10^{-1}$	$-3.282\ 88\times10^{4}$	$-3.269\ 72\times10^{4}$
138	$3.921\ 83\times10^{-1}$	$-3.282\ 88\times10^{4}$	$-3.269\ 72\times10^{4}$
139	$3.917\ 56\times10^{-1}$	$-3.288\ 01\times10^{4}$	$-3.274\ 89\times10^{4}$
140	$3.912\ 38\times10^{-1}$	$-3.288\ 45\times10^{4}$	$-3.275\ 33\times10^{4}$
141	$3.910\ 37\times10^{-1}$	$-3.288\ 52\times10^{4}$	$-3.275\ 37\times10^{4}$
142	$3.899\ 22\times10^{-1}$	$-3.296\ 62\times10^{4}$	$-3.283\ 54\times10^{4}$
143	$3.877\ 66\times10^{-1}$	$-3.306\ 86\times10^{4}$	$-3.293\ 86\times10^{4}$
144	$3.856\ 58\times10^{-1}$	$-3.319\ 58\times10^{4}$	$-3.306\ 66\times10^{4}$
145	$3.838\ 36\times10^{-1}$	$-3.328\ 26\times10^{4}$	$-3.315\ 43\times10^{4}$
146	$3.824\ 76\times10^{-1}$	$-3.339\ 95\times10^{4}$	$-3.327\ 13\times10^{4}$
147	$3.824\ 76\times10^{-1}$	$-3.339\ 95\times10^{4}$	$-3.327\ 13\times10^{4}$
148	$3.798\ 36\times10^{-1}$	$-3.350\ 67\times10^{4}$	$-3.337\ 96\times10^{4}$
149	$3.798\ 36\times10^{-1}$	$-3.350\ 67\times10^{4}$	$-3.337\ 96\times10^{4}$
150	$3.796\ 33\times10^{-1}$	$-3.351\ 81\times10^{4}$	$-3.339\ 12\times10^{4}$
151	$3.784\ 91\times10^{-1}$	$-3.358\ 50\times10^{4}$	$-3.345\ 86\times10^{4}$
152	$3.784\ 91\times10^{-1}$	$-3.358\ 50\times10^{4}$	$-3.345\ 86\times10^{4}$
153	$3.767\ 97\times10^{-1}$	$-3.366\ 63\times10^{4}$	$-3.354\ 04\times10^{4}$
154	$3.767\ 38\times10^{-1}$	$-3.367\ 12\times10^{4}$	$-3.354\ 55\times10^{4}$
155	$3.763\ 70\times10^{-1}$	$-3.370\ 18\times10^{4}$	$-3.357\ 60\times10^{4}$
156	$3.754\ 83\times10^{-1}$	$-3.373\ 86\times10^{4}$	$-3.361\ 33\times10^{4}$
157	$3.739\ 96\times10^{-1}$	$-3.381\ 58\times10^{4}$	$-3.369\ 11\times10^{4}$
158	$3.738\ 25\times10^{-1}$	$-3.385\ 13\times10^{4}$	$-3.372\ 65\times10^{4}$
159	$3.732\ 84\times10^{-1}$	$-3.389\ 68\times10^{4}$	$-3.377\ 20\times10^{4}$

续表

谐波阶数 n	λ 本征值	瞬发 α 本征值*/s^{-1}	瞬发 α 本征值**/s^{-1}
160	$3.691\ 33\times10^{-1}$	$-3.411\ 86\times10^{4}$	$-3.399\ 55\times10^{4}$
161	$3.691\ 33\times10^{-1}$	$-3.411\ 86\times10^{4}$	$-3.399\ 55\times10^{4}$
162	$3.674\ 32\times10^{-1}$	$-3.423\ 10\times10^{4}$	$-3.410\ 85\times10^{4}$
163	$3.674\ 32\times10^{-1}$	$-3.423\ 10\times10^{4}$	$-3.410\ 85\times10^{4}$
164	$3.669\ 07\times10^{-1}$	$-3.423\ 92\times10^{4}$	$-3.411\ 68\times10^{4}$
165	$3.661\ 00\times10^{-1}$	$-3.429\ 79\times10^{4}$	$-3.417\ 60\times10^{4}$
166	$3.659\ 90\times10^{-1}$	$-3.433\ 83\times10^{4}$	$-3.421\ 62\times10^{4}$
167	$3.637\ 45\times10^{-1}$	$-3.439\ 24\times10^{4}$	$-3.427\ 15\times10^{4}$
168	$3.614\ 01\times10^{-1}$	$-3.452\ 63\times10^{4}$	$-3.440\ 61\times10^{4}$
169	$3.614\ 01\times10^{-1}$	$-3.452\ 63\times10^{4}$	$-3.440\ 61\times10^{4}$
170	$3.613\ 13\times10^{-1}$	$-3.453\ 50\times10^{4}$	$-3.441\ 49\times10^{4}$
171	$3.613\ 13\times10^{-1}$	$-3.453\ 50\times10^{4}$	$-3.441\ 49\times10^{4}$
172	$3.598\ 28\times10^{-1}$	$-3.461\ 31\times10^{4}$	$-3.449\ 35\times10^{4}$
173	$3.595\ 70\times10^{-1}$	$-3.462\ 41\times10^{4}$	$-3.450\ 47\times10^{4}$
174	$3.595\ 70\times10^{-1}$	$-3.462\ 41\times10^{4}$	$-3.450\ 47\times10^{4}$
175	$3.569\ 26\times10^{-1}$	$-3.476\ 11\times10^{4}$	$-3.464\ 28\times10^{4}$
176	$3.569\ 26\times10^{-1}$	$-3.476\ 11\times10^{4}$	$-3.464\ 28\times10^{4}$
177	$3.552\ 66\times10^{-1}$	$-3.487\ 78\times10^{4}$	$-3.475\ 99\times10^{4}$
178	$3.541\ 02\times10^{-1}$	$-3.493\ 63\times10^{4}$	$-3.481\ 89\times10^{4}$
179	$3.541\ 02\times10^{-1}$	$-3.493\ 63\times10^{4}$	$-3.481\ 89\times10^{4}$
180	$3.525\ 64\times10^{-1}$	$-3.500\ 98\times10^{4}$	$-3.489\ 29\times10^{4}$
181	$3.519\ 01\times10^{-1}$	$-3.507\ 63\times10^{4}$	$-3.495\ 98\times10^{4}$
182	$3.513\ 75\times10^{-1}$	$-3.511\ 69\times10^{4}$	$-3.500\ 05\times10^{4}$
183	$3.508\ 69\times10^{-1}$	$-3.512\ 48\times10^{4}$	$-3.500\ 85\times10^{4}$
184	$3.508\ 69\times10^{-1}$	$-3.512\ 48\times10^{4}$	$-3.500\ 85\times10^{4}$
185	$3.508\ 68\times10^{-1}$	$-3.512\ 56\times10^{4}$	$-3.500\ 86\times10^{4}$
186	$3.497\ 94\times10^{-1}$	$-3.517\ 06\times10^{4}$	$-3.505\ 49\times10^{4}$
187	$3.474\ 93\times10^{-1}$	$-3.530\ 79\times10^{4}$	$-3.519\ 28\times10^{4}$
188	$3.474\ 93\times10^{-1}$	$-3.530\ 79\times10^{4}$	$-3.519\ 28\times10^{4}$
189	$3.464\ 44\times10^{-1}$	$-3.535\ 34\times10^{4}$	$-3.523\ 88\times10^{4}$
190	$3.463\ 11\times10^{-1}$	$-3.536\ 54\times10^{4}$	$-3.525\ 09\times10^{4}$
191	$3.441\ 02\times10^{-1}$	$-3.552\ 16\times10^{4}$	$-3.540\ 80\times10^{4}$
192	$3.441\ 02\times10^{-1}$	$-3.553\ 36\times10^{4}$	$-3.541\ 97\times10^{4}$

续表

谐波阶数 n	λ 本征值	瞬发 α 本征值*/s^{-1}	瞬发 α 本征值**/s^{-1}
193	$3.434\ 25\times10^{-1}$	$-3.553\ 36\times10^{4}$	$-3.541\ 97\times10^{4}$
194	$3.415\ 08\times10^{-1}$	$-3.562\ 76\times10^{4}$	$-3.551\ 49\times10^{4}$
195	$3.415\ 08\times10^{-1}$	$-3.562\ 76\times10^{4}$	$-3.551\ 49\times10^{4}$
196	$3.404\ 22\times10^{-1}$	$-3.570\ 00\times10^{4}$	$-3.558\ 76\times10^{4}$
197	$3.391\ 87\times10^{-1}$	$-3.576\ 37\times10^{4}$	$-3.565\ 16\times10^{4}$
198	$3.391\ 87\times10^{-1}$	$-3.576\ 37\times10^{4}$	$-3.565\ 16\times10^{4}$
199	$3.381\ 29\times10^{-1}$	$-3.581\ 51\times10^{4}$	$-3.570\ 36\times10^{4}$
200	$3.362\ 17\times10^{-1}$	$-3.593\ 74\times10^{4}$	$-3.582\ 64\times10^{4}$

*仅考虑瞬发中子；**不区分瞬发、缓发中子。

2.2 ADS 次临界反应堆谐波本征值计算结果（$k_{eff}=0.96$）

谐波阶数 n	λ 本征值	瞬发 α 本征值*/s^{-1}	瞬发 α 本征值**/s^{-1}
1	$9.600\ 84\times10^{-1}$	$-2.593\ 17\times10^{3}$	$-2.212\ 78\times10^{3}$
2	$9.011\ 83\times10^{-1}$	$-5.802\ 85\times10^{3}$	$-5.451\ 46\times10^{3}$
3	$8.911\ 90\times10^{-1}$	$-6.344\ 09\times10^{3}$	$-5.997\ 58\times10^{3}$
4	$8.911\ 90\times10^{-1}$	$-6.344\ 09\times10^{3}$	$-5.997\ 58\times10^{3}$
5	$8.385\ 46\times10^{-1}$	$-9.184\ 25\times10^{3}$	$-8.862\ 89\times10^{3}$
6	$8.385\ 46\times10^{-1}$	$-9.184\ 25\times10^{3}$	$-8.862\ 89\times10^{3}$
7	$8.187\ 53\times10^{-1}$	$-1.024\ 64\times10^{4}$	$-9.934\ 33\times10^{3}$
8	$8.140\ 25\times10^{-1}$	$-1.050\ 07\times10^{4}$	$-1.019\ 08\times10^{4}$
9	$8.067\ 88\times10^{-1}$	$-1.088\ 68\times10^{4}$	$-1.058\ 04\times10^{4}$
10	$7.853\ 95\times10^{-1}$	$-1.203\ 03\times10^{4}$	$-1.173\ 38\times10^{4}$
11	$7.724\ 19\times10^{-1}$	$-1.272\ 34\times10^{4}$	$-1.243\ 28\times10^{4}$
12	$7.614\ 68\times10^{-1}$	$-1.330\ 62\times10^{4}$	$-1.302\ 06\times10^{4}$
13	$7.602\ 62\times10^{-1}$	$-1.337\ 13\times10^{4}$	$-1.308\ 63\times10^{4}$
14	$7.602\ 62\times10^{-1}$	$-1.337\ 13\times10^{4}$	$-1.308\ 63\times10^{4}$
15	$7.418\ 72\times10^{-1}$	$-1.434\ 84\times10^{4}$	$-1.407\ 17\times10^{4}$
16	$7.347\ 08\times10^{-1}$	$-1.472\ 94\times10^{4}$	$-1.445\ 60\times10^{4}$
17	$7.347\ 08\times10^{-1}$	$-1.472\ 94\times10^{4}$	$-1.445\ 60\times10^{4}$
18	$7.130\ 16\times10^{-1}$	$-1.588\ 13\times10^{4}$	$-1.561\ 76\times10^{4}$
19	$7.031\ 50\times10^{-1}$	$-1.640\ 36\times10^{4}$	$-1.614\ 42\times10^{4}$

续表

谐波阶数 n	λ 本征值	瞬发 α 本征值*/s^{-1}	瞬发 α 本征值**/s^{-1}
20	$6.953\ 37\times10^{-1}$	$-1.681\ 70\times10^{4}$	$-1.656\ 11\times10^{4}$
21	$6.953\ 37\times10^{-1}$	$-1.681\ 70\times10^{4}$	$-1.656\ 11\times10^{4}$
22	$6.936\ 54\times10^{-1}$	$-1.690\ 56\times10^{4}$	$-1.665\ 04\times10^{4}$
23	$6.831\ 64\times10^{-1}$	$-1.745\ 86\times10^{4}$	$-1.720\ 81\times10^{4}$
24	$6.831\ 64\times10^{-1}$	$-1.745\ 86\times10^{4}$	$-1.720\ 81\times10^{4}$
25	$6.766\ 38\times10^{-1}$	$-1.780\ 54\times10^{4}$	$-1.755\ 77\times10^{4}$
26	$6.689\ 41\times10^{-1}$	$-1.821\ 30\times10^{4}$	$-1.796\ 87\times10^{4}$
27	$6.689\ 41\times10^{-1}$	$-1.821\ 30\times10^{4}$	$-1.796\ 87\times10^{4}$
28	$6.682\ 75\times10^{-1}$	$-1.824\ 97\times10^{4}$	$-1.800\ 56\times10^{4}$
29	$6.478\ 67\times10^{-1}$	$-1.932\ 38\times10^{4}$	$-1.908\ 86\times10^{4}$
30	$6.478\ 67\times10^{-1}$	$-1.932\ 38\times10^{4}$	$-1.908\ 86\times10^{4}$
31	$6.474\ 27\times10^{-1}$	$-1.934\ 91\times10^{4}$	$-1.911\ 41\times10^{4}$
32	$6.360\ 97\times10^{-1}$	$-1.994\ 79\times10^{4}$	$-1.971\ 77\times10^{4}$
33	$6.360\ 97\times10^{-1}$	$-1.994\ 79\times10^{4}$	$-1.971\ 77\times10^{4}$
34	$6.341\ 26\times10^{-1}$	$-2.005\ 38\times10^{4}$	$-1.982\ 44\times10^{4}$
35	$6.217\ 64\times10^{-1}$	$-2.070\ 38\times10^{4}$	$-2.047\ 97\times10^{4}$
36	$6.148\ 62\times10^{-1}$	$-2.106\ 82\times10^{4}$	$-2.084\ 71\times10^{4}$
37	$6.138\ 82\times10^{-1}$	$-2.111\ 87\times10^{4}$	$-2.089\ 80\times10^{4}$
38	$6.123\ 05\times10^{-1}$	$-2.120\ 19\times10^{4}$	$-2.098\ 20\times10^{4}$
39	$6.108\ 25\times10^{-1}$	$-2.127\ 99\times10^{4}$	$-2.106\ 06\times10^{4}$
40	$5.997\ 32\times10^{-1}$	$-2.186\ 47\times10^{4}$	$-2.165\ 00\times10^{4}$
41	$5.945\ 35\times10^{-1}$	$-2.213\ 79\times10^{4}$	$-2.192\ 54\times10^{4}$
42	$5.945\ 35\times10^{-1}$	$-2.213\ 79\times10^{4}$	$-2.192\ 54\times10^{4}$
43	$5.912\ 60\times10^{-1}$	$-2.231\ 80\times10^{4}$	$-2.210\ 68\times10^{4}$
44	$5.912\ 60\times10^{-1}$	$-2.231\ 80\times10^{4}$	$-2.210\ 68\times10^{4}$
45	$5.824\ 71\times10^{-1}$	$-2.278\ 01\times10^{4}$	$-2.257\ 26\times10^{4}$
46	$5.817\ 97\times10^{-1}$	$-2.280\ 65\times10^{4}$	$-2.259\ 94\times10^{4}$
47	$5.809\ 86\times10^{-1}$	$-2.285\ 48\times10^{4}$	$-2.264\ 80\times10^{4}$
48	$5.772\ 15\times10^{-1}$	$-2.305\ 25\times10^{4}$	$-2.284\ 73\times10^{4}$
49	$5.772\ 15\times10^{-1}$	$-2.305\ 25\times10^{4}$	$-2.284\ 73\times10^{4}$
50	$5.753\ 12\times10^{-1}$	$-2.314\ 83\times10^{4}$	$-2.294\ 39\times10^{4}$
51	$5.658\ 88\times10^{-1}$	$-2.365\ 25\times10^{4}$	$-2.345\ 19\times10^{4}$
52	$5.658\ 88\times10^{-1}$	$-2.365\ 25\times10^{4}$	$-2.345\ 19\times10^{4}$

续表

谐波阶数 n	λ 本征值	瞬发 α 本征值*/s^{-1}	瞬发 α 本征值**/s^{-1}
53	$5.655\ 18\times10^{-1}$	$-2.367\ 27\times10^{4}$	$-2.347\ 22\times10^{4}$
54	$5.628\ 39\times10^{-1}$	$-2.381\ 95\times10^{4}$	$-2.362\ 01\times10^{4}$
55	$5.628\ 39\times10^{-1}$	$-2.381\ 95\times10^{4}$	$-2.362\ 01\times10^{4}$
56	$5.540\ 53\times10^{-1}$	$-2.427\ 18\times10^{4}$	$-2.407\ 62\times10^{4}$
57	$5.480\ 31\times10^{-1}$	$-2.458\ 97\times10^{4}$	$-2.439\ 65\times10^{4}$
58	$5.437\ 94\times10^{-1}$	$-2.483\ 42\times10^{4}$	$-2.464\ 26\times10^{4}$
59	$5.393\ 55\times10^{-1}$	$-2.505\ 27\times10^{4}$	$-2.486\ 31\times10^{4}$
60	$5.356\ 26\times10^{-1}$	$-2.525\ 17\times10^{4}$	$-2.506\ 35\times10^{4}$
61	$5.329\ 96\times10^{-1}$	$-2.538\ 82\times10^{4}$	$-2.520\ 11\times10^{4}$
62	$5.309\ 74\times10^{-1}$	$-2.549\ 47\times10^{4}$	$-2.530\ 84\times10^{4}$
63	$5.309\ 74\times10^{-1}$	$-2.549\ 47\times10^{4}$	$-2.530\ 84\times10^{4}$
64	$5.233\ 13\times10^{-1}$	$-2.589\ 93\times10^{4}$	$-2.571\ 63\times10^{4}$
65	$5.233\ 13\times10^{-1}$	$-2.589\ 93\times10^{4}$	$-2.571\ 63\times10^{4}$
66	$5.217\ 60\times10^{-1}$	$-2.598\ 10\times10^{4}$	$-2.579\ 86\times10^{4}$
67	$5.215\ 58\times10^{-1}$	$-2.599\ 31\times10^{4}$	$-2.581\ 07\times10^{4}$
68	$5.208\ 11\times10^{-1}$	$-2.604\ 00\times10^{4}$	$-2.585\ 78\times10^{4}$
69	$5.195\ 71\times10^{-1}$	$-2.610\ 97\times10^{4}$	$-2.592\ 80\times10^{4}$
70	$5.195\ 71\times10^{-1}$	$-2.610\ 97\times10^{4}$	$-2.592\ 80\times10^{4}$
71	$5.187\ 26\times10^{-1}$	$-2.616\ 33\times10^{4}$	$-2.598\ 19\times10^{4}$
72	$5.117\ 75\times10^{-1}$	$-2.650\ 99\times10^{4}$	$-2.633\ 14\times10^{4}$
73	$5.064\ 78\times10^{-1}$	$-2.679\ 28\times10^{4}$	$-2.661\ 65\times10^{4}$
74	$5.064\ 33\times10^{-1}$	$-2.679\ 74\times10^{4}$	$-2.662\ 10\times10^{4}$
75	$5.052\ 98\times10^{-1}$	$-2.685\ 50\times10^{4}$	$-2.667\ 91\times10^{4}$
76	$4.996\ 42\times10^{-1}$	$-2.715\ 60\times10^{4}$	$-2.698\ 24\times10^{4}$
77	$4.996\ 42\times10^{-1}$	$-2.715\ 60\times10^{4}$	$-2.698\ 24\times10^{4}$
78	$4.941\ 36\times10^{-1}$	$-2.744\ 67\times10^{4}$	$-2.727\ 53\times10^{4}$
79	$4.941\ 36\times10^{-1}$	$-2.744\ 67\times10^{4}$	$-2.727\ 53\times10^{4}$
80	$4.940\ 91\times10^{-1}$	$-2.745\ 34\times10^{4}$	$-2.728\ 20\times10^{4}$
81	$4.940\ 91\times10^{-1}$	$-2.745\ 34\times10^{4}$	$-2.728\ 20\times10^{4}$
82	$4.854\ 56\times10^{-1}$	$-2.790\ 51\times10^{4}$	$-2.773\ 73\times10^{4}$
83	$4.854\ 56\times10^{-1}$	$-2.790\ 51\times10^{4}$	$-2.773\ 73\times10^{4}$
84	$4.828\ 26\times10^{-1}$	$-2.805\ 17\times10^{4}$	$-2.788\ 47\times10^{4}$
85	$4.811\ 26\times10^{-1}$	$-2.814\ 45\times10^{4}$	$-2.797\ 82\times10^{4}$

续表

谐波阶数 n	λ 本征值	瞬发 α 本征值*/s^{-1}	瞬发 α 本征值**/s^{-1}
86	$4.804\ 02\times10^{-1}$	$-2.820\ 26\times10^{4}$	$-2.803\ 65\times10^{4}$
87	$4.768\ 51\times10^{-1}$	$-2.837\ 67\times10^{4}$	$-2.821\ 22\times10^{4}$
88	$4.702\ 12\times10^{-1}$	$-2.873\ 63\times10^{4}$	$-2.857\ 43\times10^{4}$
89	$4.702\ 12\times10^{-1}$	$-2.873\ 63\times10^{4}$	$-2.857\ 43\times10^{4}$
90	$4.674\ 67\times10^{-1}$	$-2.888\ 30\times10^{4}$	$-2.872\ 20\times10^{4}$
91	$4.674\ 67\times10^{-1}$	$-2.888\ 30\times10^{4}$	$-2.872\ 20\times10^{4}$
92	$4.655\ 61\times10^{-1}$	$-2.897\ 06\times10^{4}$	$-2.881\ 06\times10^{4}$
93	$4.655\ 61\times10^{-1}$	$-2.897\ 06\times10^{4}$	$-2.881\ 06\times10^{4}$
94	$4.642\ 96\times10^{-1}$	$-2.903\ 57\times10^{4}$	$-2.887\ 61\times10^{4}$
95	$4.642\ 96\times10^{-1}$	$-2.903\ 57\times10^{4}$	$-2.887\ 61\times10^{4}$
96	$4.640\ 99\times10^{-1}$	$-2.904\ 90\times10^{4}$	$-2.888\ 95\times10^{4}$
97	$4.633\ 82\times10^{-1}$	$-2.908\ 98\times10^{4}$	$-2.893\ 05\times10^{4}$
98	$4.633\ 82\times10^{-1}$	$-2.908\ 98\times10^{4}$	$-2.893\ 05\times10^{4}$
99	$4.608\ 08\times10^{-1}$	$-2.922\ 43\times10^{4}$	$-2.906\ 60\times10^{4}$
100	$4.590\ 28\times10^{-1}$	$-2.931\ 94\times10^{4}$	$-2.916\ 19\times10^{4}$
101	$4.572\ 35\times10^{-1}$	$-2.942\ 49\times10^{4}$	$-2.926\ 80\times10^{4}$
102	$4.562\ 64\times10^{-1}$	$-2.946\ 80\times10^{4}$	$-2.931\ 16\times10^{4}$
103	$4.562\ 41\times10^{-1}$	$-2.947\ 91\times10^{4}$	$-2.932\ 27\times10^{4}$
104	$4.506\ 13\times10^{-1}$	$-2.977\ 82\times10^{4}$	$-2.962\ 40\times10^{4}$
105	$4.500\ 41\times10^{-1}$	$-2.980\ 83\times10^{4}$	$-2.965\ 44\times10^{4}$
106	$4.500\ 41\times10^{-1}$	$-2.981\ 86\times10^{4}$	$-2.966\ 44\times10^{4}$
107	$4.498\ 93\times10^{-1}$	$-2.981\ 86\times10^{4}$	$-2.966\ 44\times10^{4}$
108	$4.483\ 53\times10^{-1}$	$-2.989\ 71\times10^{4}$	$-2.974\ 36\times10^{4}$
109	$4.460\ 66\times10^{-1}$	$-3.001\ 01\times10^{4}$	$-2.985\ 78\times10^{4}$
110	$4.454\ 41\times10^{-1}$	$-3.005\ 46\times10^{4}$	$-2.990\ 23\times10^{4}$
111	$4.380\ 36\times10^{-1}$	$-3.044\ 41\times10^{4}$	$-3.029\ 48\times10^{4}$
112	$4.339\ 89\times10^{-1}$	$-3.069\ 25\times10^{4}$	$-3.054\ 45\times10^{4}$
113	$4.317\ 71\times10^{-1}$	$-3.078\ 39\times10^{4}$	$-3.063\ 70\times10^{4}$
114	$4.317\ 71\times10^{-1}$	$-3.078\ 39\times10^{4}$	$-3.063\ 70\times10^{4}$
115	$4.316\ 88\times10^{-1}$	$-3.079\ 85\times10^{4}$	$-3.065\ 16\times10^{4}$
116	$4.278\ 68\times10^{-1}$	$-3.099\ 76\times10^{4}$	$-3.085\ 21\times10^{4}$
117	$4.278\ 68\times10^{-1}$	$-3.099\ 76\times10^{4}$	$-3.085\ 21\times10^{4}$
118	$4.245\ 81\times10^{-1}$	$-3.118\ 14\times10^{4}$	$-3.103\ 72\times10^{4}$

续表

谐波阶数 n	λ 本征值	瞬发 α 本征值*/s^{-1}	瞬发 α 本征值**/s^{-1}
119	$4.245\ 08 \times 10^{-1}$	$-3.118\ 60 \times 10^{4}$	$-3.104\ 17 \times 10^{4}$
120	$4.242\ 06 \times 10^{-1}$	$-3.118\ 86 \times 10^{4}$	$-3.104\ 46 \times 10^{4}$
121	$4.242\ 06 \times 10^{-1}$	$-3.118\ 86 \times 10^{4}$	$-3.104\ 46 \times 10^{4}$
122	$4.225\ 51 \times 10^{-1}$	$-3.129\ 53 \times 10^{4}$	$-3.115\ 18 \times 10^{4}$
123	$4.215\ 16 \times 10^{-1}$	$-3.136\ 65 \times 10^{4}$	$-3.122\ 35 \times 10^{4}$
124	$4.198\ 95 \times 10^{-1}$	$-3.142\ 55 \times 10^{4}$	$-3.128\ 32 \times 10^{4}$
125	$4.193\ 52 \times 10^{-1}$	$-3.145\ 95 \times 10^{4}$	$-3.131\ 73 \times 10^{4}$
126	$4.193\ 52 \times 10^{-1}$	$-3.145\ 95 \times 10^{4}$	$-3.131\ 73 \times 10^{4}$
127	$4.189\ 93 \times 10^{-1}$	$-3.149\ 55 \times 10^{4}$	$-3.135\ 33 \times 10^{4}$
128	$4.189\ 93 \times 10^{-1}$	$-3.149\ 55 \times 10^{4}$	$-3.135\ 33 \times 10^{4}$
129	$4.131\ 97 \times 10^{-1}$	$-3.180\ 54 \times 10^{4}$	$-3.166\ 55 \times 10^{4}$
130	$4.131\ 97 \times 10^{-1}$	$-3.180\ 54 \times 10^{4}$	$-3.166\ 55 \times 10^{4}$
131	$4.076\ 48 \times 10^{-1}$	$-3.209\ 04 \times 10^{4}$	$-3.195\ 27 \times 10^{4}$
132	$4.069\ 53 \times 10^{-1}$	$-3.213\ 18 \times 10^{4}$	$-3.199\ 44 \times 10^{4}$
133	$4.069\ 53 \times 10^{-1}$	$-3.213\ 18 \times 10^{4}$	$-3.199\ 44 \times 10^{4}$
134	$4.064\ 07 \times 10^{-1}$	$-3.216\ 56 \times 10^{4}$	$-3.202\ 83 \times 10^{4}$
135	$4.053\ 44 \times 10^{-1}$	$-3.222\ 14 \times 10^{4}$	$-3.208\ 47 \times 10^{4}$
136	$4.050\ 97 \times 10^{-1}$	$-3.223\ 27 \times 10^{4}$	$-3.209\ 57 \times 10^{4}$
137	$4.048\ 34 \times 10^{-1}$	$-3.224\ 28 \times 10^{4}$	$-3.210\ 61 \times 10^{4}$
138	$4.048\ 34 \times 10^{-1}$	$-3.224\ 28 \times 10^{4}$	$-3.210\ 61 \times 10^{4}$
139	$4.043\ 93 \times 10^{-1}$	$-3.229\ 57 \times 10^{4}$	$-3.215\ 94 \times 10^{4}$
140	$4.038\ 58 \times 10^{-1}$	$-3.229\ 95 \times 10^{4}$	$-3.216\ 29 \times 10^{4}$
141	$4.036\ 51 \times 10^{-1}$	$-3.230\ 06 \times 10^{4}$	$-3.216\ 45 \times 10^{4}$
142	$4.025\ 00 \times 10^{-1}$	$-3.238\ 37 \times 10^{4}$	$-3.224\ 80 \times 10^{4}$
143	$4.002\ 74 \times 10^{-1}$	$-3.249\ 02 \times 10^{4}$	$-3.235\ 53 \times 10^{4}$
144	$3.980\ 98 \times 10^{-1}$	$-3.262\ 05 \times 10^{4}$	$-3.248\ 63 \times 10^{4}$
145	$3.962\ 18 \times 10^{-1}$	$-3.271\ 10 \times 10^{4}$	$-3.257\ 76 \times 10^{4}$
146	$3.948\ 14 \times 10^{-1}$	$-3.282\ 92 \times 10^{4}$	$-3.269\ 63 \times 10^{4}$
147	$3.948\ 14 \times 10^{-1}$	$-3.282\ 92 \times 10^{4}$	$-3.269\ 63 \times 10^{4}$
148	$3.920\ 89 \times 10^{-1}$	$-3.294\ 11 \times 10^{4}$	$-3.280\ 93 \times 10^{4}$
149	$3.920\ 89 \times 10^{-1}$	$-3.294\ 11 \times 10^{4}$	$-3.280\ 93 \times 10^{4}$
150	$3.918\ 79 \times 10^{-1}$	$-3.295\ 32 \times 10^{4}$	$-3.282\ 14 \times 10^{4}$
151	$3.907\ 01 \times 10^{-1}$	$-3.302\ 19 \times 10^{4}$	$-3.289\ 06 \times 10^{4}$

续表

谐波阶数 n	λ 本征值	瞬发 α 本征值*/s^{-1}	瞬发 α 本征值**/s^{-1}
152	3.90701×10^{-1}	-3.30219×10^{4}	-3.28906×10^{4}
153	3.88951×10^{-1}	-3.31061×10^{4}	-3.29755×10^{4}
154	3.88891×10^{-1}	-3.31113×10^{4}	-3.29808×10^{4}
155	3.88511×10^{-1}	-3.31419×10^{4}	-3.30114×10^{4}
156	3.87595×10^{-1}	-3.31807×10^{4}	-3.30506×10^{4}
157	3.86060×10^{-1}	-3.32609×10^{4}	-3.31317×10^{4}
158	3.85884×10^{-1}	-3.32957×10^{4}	-3.31662×10^{4}
159	3.85326×10^{-1}	-3.33416×10^{4}	-3.32122×10^{4}
160	3.81041×10^{-1}	-3.35703×10^{4}	-3.34426×10^{4}
161	3.81041×10^{-1}	-3.35703×10^{4}	-3.34426×10^{4}
162	3.79284×10^{-1}	-3.36857×10^{4}	-3.35585×10^{4}
163	3.79284×10^{-1}	-3.36857×10^{4}	-3.35585×10^{4}
164	3.78742×10^{-1}	-3.36943×10^{4}	-3.35673×10^{4}
165	3.77909×10^{-1}	-3.37549×10^{4}	-3.36283×10^{4}
166	3.77796×10^{-1}	-3.37949×10^{4}	-3.36681×10^{4}
167	3.75479×10^{-1}	-3.38544×10^{4}	-3.37289×10^{4}
168	3.73059×10^{-1}	-3.39914×10^{4}	-3.38666×10^{4}
169	3.73059×10^{-1}	-3.39914×10^{4}	-3.38666×10^{4}
170	3.72968×10^{-1}	-3.40004×10^{4}	-3.38758×10^{4}
171	3.72968×10^{-1}	-3.40004×10^{4}	-3.38758×10^{4}
172	3.71436×10^{-1}	-3.40807×10^{4}	-3.39567×10^{4}
173	3.71169×10^{-1}	-3.40923×10^{4}	-3.39684×10^{4}
174	3.71169×10^{-1}	-3.40923×10^{4}	-3.39684×10^{4}
175	3.68440×10^{-1}	-3.42344×10^{4}	-3.41115×10^{4}
176	3.68440×10^{-1}	-3.42344×10^{4}	-3.41115×10^{4}
177	3.66726×10^{-1}	-3.43528×10^{4}	-3.42304×10^{4}
178	3.65525×10^{-1}	-3.44135×10^{4}	-3.42916×10^{4}
179	3.65525×10^{-1}	-3.44135×10^{4}	-3.42916×10^{4}
180	3.63937×10^{-1}	-3.44895×10^{4}	-3.43683×10^{4}
181	3.63253×10^{-1}	-3.45580×10^{4}	-3.44372×10^{4}
182	3.62710×10^{-1}	-3.45990×10^{4}	-3.44781×10^{4}
183	3.62187×10^{-1}	-3.46052×10^{4}	-3.44838×10^{4}
184	3.62187×10^{-1}	-3.46069×10^{4}	-3.44862×10^{4}

续表

谐波阶数 n	λ 本征值	瞬发 α 本征值*/s^{-1}	瞬发 α 本征值**/s^{-1}
185	$3.621\ 86 \times 10^{-1}$	$-3.460\ 69 \times 10^{4}$	$-3.448\ 62 \times 10^{4}$
186	$3.610\ 78 \times 10^{-1}$	$-3.465\ 54 \times 10^{4}$	$-3.453\ 53 \times 10^{4}$
187	$3.587\ 03 \times 10^{-1}$	$-3.479\ 58 \times 10^{4}$	$-3.467\ 65 \times 10^{4}$
188	$3.587\ 03 \times 10^{-1}$	$-3.479\ 58 \times 10^{4}$	$-3.467\ 65 \times 10^{4}$
189	$3.576\ 19 \times 10^{-1}$	$-3.484\ 31 \times 10^{4}$	$-3.472\ 42 \times 10^{4}$
190	$3.574\ 82 \times 10^{-1}$	$-3.485\ 55 \times 10^{4}$	$-3.473\ 66 \times 10^{4}$
191	$3.552\ 02 \times 10^{-1}$	$-3.501\ 62 \times 10^{4}$	$-3.489\ 84 \times 10^{4}$
192	$3.552\ 02 \times 10^{-1}$	$-3.502\ 65 \times 10^{4}$	$-3.490\ 84 \times 10^{4}$
193	$3.545\ 03 \times 10^{-1}$	$-3.502\ 65 \times 10^{4}$	$-3.490\ 84 \times 10^{4}$
194	$3.525\ 25 \times 10^{-1}$	$-3.512\ 56 \times 10^{4}$	$-3.500\ 86 \times 10^{4}$
195	$3.525\ 25 \times 10^{-1}$	$-3.512\ 56 \times 10^{4}$	$-3.500\ 86 \times 10^{4}$
196	$3.514\ 03 \times 10^{-1}$	$-3.519\ 97 \times 10^{4}$	$-3.508\ 30 \times 10^{4}$
197	$3.501\ 29 \times 10^{-1}$	$-3.526\ 50 \times 10^{4}$	$-3.514\ 88 \times 10^{4}$
198	$3.501\ 29 \times 10^{-1}$	$-3.526\ 50 \times 10^{4}$	$-3.514\ 88 \times 10^{4}$
199	$3.490\ 36 \times 10^{-1}$	$-3.531\ 88 \times 10^{4}$	$-3.520\ 32 \times 10^{4}$
200	$3.470\ 63 \times 10^{-1}$	$-3.544\ 35 \times 10^{4}$	$-3.532\ 84 \times 10^{4}$

*仅考虑瞬发中子；**不区分瞬发、缓发中子。

2.3 ADS 次临界反应堆谐波本征值计算结果（$k_{\mathrm{eff}}=0.99$）

谐波阶数 n	λ 本征值	瞬发 α 本征值*/s^{-1}	瞬发 α 本征值**/s^{-1}
1	$9.900\ 88 \times 10^{-1}$	$-9.491\ 54 \times 10^{2}$	$-5.525\ 44 \times 10^{2}$
2	$9.293\ 45 \times 10^{-1}$	$-4.284\ 45 \times 10^{3}$	$-3.918\ 26 \times 10^{3}$
3	$9.190\ 40 \times 10^{-1}$	$-4.846\ 77 \times 10^{3}$	$-4.485\ 69 \times 10^{3}$
4	$9.190\ 40 \times 10^{-1}$	$-4.846\ 77 \times 10^{3}$	$-4.485\ 69 \times 10^{3}$
5	$8.647\ 50 \times 10^{-1}$	$-7.795\ 87 \times 10^{3}$	$-7.461\ 18 \times 10^{3}$
6	$8.647\ 50 \times 10^{-1}$	$-7.795\ 87 \times 10^{3}$	$-7.461\ 18 \times 10^{3}$
7	$8.443\ 40 \times 10^{-1}$	$-8.898\ 38 \times 10^{3}$	$-8.573\ 46 \times 10^{3}$
8	$8.394\ 63 \times 10^{-1}$	$-9.162\ 21 \times 10^{3}$	$-8.839\ 54 \times 10^{3}$
9	$8.320\ 00 \times 10^{-1}$	$-9.563\ 06 \times 10^{3}$	$-9.243\ 94 \times 10^{3}$
10	$8.099\ 39 \times 10^{-1}$	$-1.074\ 94 \times 10^{4}$	$-1.044\ 07 \times 10^{4}$
11	$7.965\ 58 \times 10^{-1}$	$-1.146\ 82 \times 10^{4}$	$-1.116\ 57 \times 10^{4}$
12	$7.852\ 64 \times 10^{-1}$	$-1.207\ 27 \times 10^{4}$	$-1.177\ 55 \times 10^{4}$

续表

谐波阶数 n	λ 本征值	瞬发 α 本征值*/s^{-1}	瞬发 α 本征值**/s^{-1}
13	$7.840\ 20\times10^{-1}$	$-1.214\ 02\times10^{4}$	$-1.184\ 35\times10^{4}$
14	$7.840\ 20\times10^{-1}$	$-1.214\ 02\times10^{4}$	$-1.184\ 35\times10^{4}$
15	$7.650\ 56\times10^{-1}$	$-1.315\ 35\times10^{4}$	$-1.286\ 55\times10^{4}$
16	$7.576\ 68\times10^{-1}$	$-1.354\ 84\times10^{4}$	$-1.326\ 38\times10^{4}$
17	$7.576\ 68\times10^{-1}$	$-1.354\ 84\times10^{4}$	$-1.326\ 38\times10^{4}$
18	$7.352\ 98\times10^{-1}$	$-1.474\ 23\times10^{4}$	$-1.446\ 79\times10^{4}$
19	$7.251\ 24\times10^{-1}$	$-1.528\ 35\times10^{4}$	$-1.501\ 36\times10^{4}$
20	$7.170\ 66\times10^{-1}$	$-1.571\ 19\times10^{4}$	$-1.544\ 56\times10^{4}$
21	$7.170\ 66\times10^{-1}$	$-1.571\ 19\times10^{4}$	$-1.544\ 56\times10^{4}$
22	$7.153\ 31\times10^{-1}$	$-1.580\ 37\times10^{4}$	$-1.553\ 82\times10^{4}$
23	$7.045\ 13\times10^{-1}$	$-1.637\ 69\times10^{4}$	$-1.611\ 63\times10^{4}$
24	$7.045\ 13\times10^{-1}$	$-1.637\ 69\times10^{4}$	$-1.611\ 63\times10^{4}$
25	$6.977\ 84\times10^{-1}$	$-1.673\ 58\times10^{4}$	$-1.647\ 82\times10^{4}$
26	$6.898\ 45\times10^{-1}$	$-1.715\ 81\times10^{4}$	$-1.690\ 40\times10^{4}$
27	$6.898\ 45\times10^{-1}$	$-1.715\ 81\times10^{4}$	$-1.690\ 40\times10^{4}$
28	$6.891\ 59\times10^{-1}$	$-1.719\ 58\times10^{4}$	$-1.694\ 20\times10^{4}$
29	$6.681\ 13\times10^{-1}$	$-1.830\ 84\times10^{4}$	$-1.806\ 39\times10^{4}$
30	$6.681\ 13\times10^{-1}$	$-1.830\ 84\times10^{4}$	$-1.806\ 39\times10^{4}$
31	$6.676\ 59\times10^{-1}$	$-1.833\ 44\times10^{4}$	$-1.809\ 00\times10^{4}$
32	$6.559\ 75\times10^{-1}$	$-1.895\ 41\times10^{4}$	$-1.871\ 49\times10^{4}$
33	$6.559\ 75\times10^{-1}$	$-1.895\ 41\times10^{4}$	$-1.871\ 49\times10^{4}$
34	$6.539\ 43\times10^{-1}$	$-1.906\ 36\times10^{4}$	$-1.882\ 51\times10^{4}$
35	$6.411\ 94\times10^{-1}$	$-1.973\ 66\times10^{4}$	$-1.950\ 37\times10^{4}$
36	$6.340\ 77\times10^{-1}$	$-2.011\ 36\times10^{4}$	$-1.988\ 38\times10^{4}$
37	$6.330\ 66\times10^{-1}$	$-2.016\ 60\times10^{4}$	$-1.993\ 67\times10^{4}$
38	$6.314\ 40\times10^{-1}$	$-2.025\ 24\times10^{4}$	$-2.002\ 38\times10^{4}$
39	$6.299\ 14\times10^{-1}$	$-2.033\ 31\times10^{4}$	$-2.010\ 50\times10^{4}$
40	$6.184\ 74\times10^{-1}$	$-2.093\ 79\times10^{4}$	$-2.071\ 48\times10^{4}$
41	$6.131\ 15\times10^{-1}$	$-2.122\ 06\times10^{4}$	$-2.099\ 97\times10^{4}$
42	$6.131\ 15\times10^{-1}$	$-2.122\ 06\times10^{4}$	$-2.099\ 97\times10^{4}$
43	$6.097\ 37\times10^{-1}$	$-2.140\ 64\times10^{4}$	$-2.118\ 69\times10^{4}$
44	$6.097\ 37\times10^{-1}$	$-2.140\ 64\times10^{4}$	$-2.118\ 69\times10^{4}$
45	$6.006\ 74\times10^{-1}$	$-2.188\ 44\times10^{4}$	$-2.166\ 87\times10^{4}$

续表

谐波阶数 n	λ 本征值	瞬发 α 本征值*/s^{-1}	瞬发 α 本征值**/s^{-1}
46	$5.999\ 78 \times 10^{-1}$	$-2.191\ 25 \times 10^{4}$	$-2.169\ 73 \times 10^{4}$
47	$5.991\ 42 \times 10^{-1}$	$-2.196\ 20 \times 10^{4}$	$-2.174\ 72 \times 10^{4}$
48	$5.952\ 53 \times 10^{-1}$	$-2.216\ 68 \times 10^{4}$	$-2.195\ 35 \times 10^{4}$
49	$5.952\ 53 \times 10^{-1}$	$-2.216\ 68 \times 10^{4}$	$-2.195\ 35 \times 10^{4}$
50	$5.932\ 91 \times 10^{-1}$	$-2.226\ 61 \times 10^{4}$	$-2.205\ 37 \times 10^{4}$
51	$5.835\ 72 \times 10^{-1}$	$-2.278\ 67 \times 10^{4}$	$-2.257\ 83 \times 10^{4}$
52	$5.835\ 72 \times 10^{-1}$	$-2.278\ 67 \times 10^{4}$	$-2.257\ 83 \times 10^{4}$
53	$5.831\ 91 \times 10^{-1}$	$-2.280\ 75 \times 10^{4}$	$-2.259\ 93 \times 10^{4}$
54	$5.804\ 28 \times 10^{-1}$	$-2.295\ 89 \times 10^{4}$	$-2.275\ 17 \times 10^{4}$
55	$5.804\ 28 \times 10^{-1}$	$-2.295\ 89 \times 10^{4}$	$-2.275\ 17 \times 10^{4}$
56	$5.713\ 67 \times 10^{-1}$	$-2.342\ 74 \times 10^{4}$	$-2.322\ 42 \times 10^{4}$
57	$5.651\ 57 \times 10^{-1}$	$-2.375\ 60 \times 10^{4}$	$-2.355\ 53 \times 10^{4}$
58	$5.607\ 88 \times 10^{-1}$	$-2.400\ 74 \times 10^{4}$	$-2.380\ 83 \times 10^{4}$
59	$5.562\ 10 \times 10^{-1}$	$-2.423\ 43 \times 10^{4}$	$-2.403\ 73 \times 10^{4}$
60	$5.523\ 64 \times 10^{-1}$	$-2.443\ 97 \times 10^{4}$	$-2.424\ 43 \times 10^{4}$
61	$5.496\ 52 \times 10^{-1}$	$-2.458\ 09 \times 10^{4}$	$-2.438\ 67 \times 10^{4}$
62	$5.475\ 67 \times 10^{-1}$	$-2.469\ 09 \times 10^{4}$	$-2.449\ 74 \times 10^{4}$
63	$5.475\ 67 \times 10^{-1}$	$-2.469\ 09 \times 10^{4}$	$-2.449\ 74 \times 10^{4}$
64	$5.396\ 67 \times 10^{-1}$	$-2.510\ 92 \times 10^{4}$	$-2.491\ 91 \times 10^{4}$
65	$5.396\ 67 \times 10^{-1}$	$-2.510\ 92 \times 10^{4}$	$-2.491\ 91 \times 10^{4}$
66	$5.380\ 66 \times 10^{-1}$	$-2.519\ 39 \times 10^{4}$	$-2.500\ 44 \times 10^{4}$
67	$5.378\ 57 \times 10^{-1}$	$-2.520\ 60 \times 10^{4}$	$-2.501\ 66 \times 10^{4}$
68	$5.370\ 87 \times 10^{-1}$	$-2.525\ 37 \times 10^{4}$	$-2.506\ 45 \times 10^{4}$
69	$5.358\ 08 \times 10^{-1}$	$-2.532\ 54 \times 10^{4}$	$-2.513\ 67 \times 10^{4}$
70	$5.358\ 08 \times 10^{-1}$	$-2.532\ 54 \times 10^{4}$	$-2.513\ 67 \times 10^{4}$
71	$5.349\ 36 \times 10^{-1}$	$-2.538\ 03 \times 10^{4}$	$-2.519\ 20 \times 10^{4}$
72	$5.277\ 68 \times 10^{-1}$	$-2.573\ 98 \times 10^{4}$	$-2.555\ 44 \times 10^{4}$
73	$5.223\ 06 \times 10^{-1}$	$-2.603\ 20 \times 10^{4}$	$-2.584\ 89 \times 10^{4}$
74	$5.222\ 60 \times 10^{-1}$	$-2.603\ 62 \times 10^{4}$	$-2.585\ 30 \times 10^{4}$
75	$5.210\ 89 \times 10^{-1}$	$-2.609\ 60 \times 10^{4}$	$-2.591\ 34 \times 10^{4}$
76	$5.152\ 56 \times 10^{-1}$	$-2.640\ 70 \times 10^{4}$	$-2.622\ 68 \times 10^{4}$
77	$5.152\ 56 \times 10^{-1}$	$-2.640\ 70 \times 10^{4}$	$-2.622\ 68 \times 10^{4}$
78	$5.095\ 78 \times 10^{-1}$	$-2.670\ 73 \times 10^{4}$	$-2.652\ 95 \times 10^{4}$

续表

谐波阶数 n	λ 本征值	瞬发 α 本征值*/s^{-1}	瞬发 α 本征值**/s^{-1}
79	$5.095\ 78 \times 10^{-1}$	$-2.670\ 73 \times 10^{4}$	$-2.652\ 95 \times 10^{4}$
80	$5.095\ 31 \times 10^{-1}$	$-2.671\ 38 \times 10^{4}$	$-2.653\ 58 \times 10^{4}$
81	$5.095\ 31 \times 10^{-1}$	$-2.671\ 38 \times 10^{4}$	$-2.653\ 58 \times 10^{4}$
82	$5.006\ 27 \times 10^{-1}$	$-2.718\ 07 \times 10^{4}$	$-2.700\ 64 \times 10^{4}$
83	$5.006\ 27 \times 10^{-1}$	$-2.718\ 07 \times 10^{4}$	$-2.700\ 64 \times 10^{4}$
84	$4.979\ 15 \times 10^{-1}$	$-2.733\ 13 \times 10^{4}$	$-2.715\ 80 \times 10^{4}$
85	$4.961\ 61 \times 10^{-1}$	$-2.742\ 71 \times 10^{4}$	$-2.725\ 45 \times 10^{4}$
86	$4.954\ 15 \times 10^{-1}$	$-2.748\ 59 \times 10^{4}$	$-2.731\ 34 \times 10^{4}$
87	$4.917\ 52 \times 10^{-1}$	$-2.766\ 69 \times 10^{4}$	$-2.749\ 61 \times 10^{4}$
88	$4.849\ 06 \times 10^{-1}$	$-2.803\ 74 \times 10^{4}$	$-2.786\ 92 \times 10^{4}$
89	$4.849\ 06 \times 10^{-1}$	$-2.803\ 74 \times 10^{4}$	$-2.786\ 92 \times 10^{4}$
90	$4.820\ 75 \times 10^{-1}$	$-2.818\ 85 \times 10^{4}$	$-2.802\ 14 \times 10^{4}$
91	$4.820\ 75 \times 10^{-1}$	$-2.818\ 85 \times 10^{4}$	$-2.802\ 14 \times 10^{4}$
92	$4.801\ 10 \times 10^{-1}$	$-2.827\ 99 \times 10^{4}$	$-2.811\ 37 \times 10^{4}$
93	$4.801\ 10 \times 10^{-1}$	$-2.827\ 99 \times 10^{4}$	$-2.811\ 37 \times 10^{4}$
94	$4.788\ 06 \times 10^{-1}$	$-2.834\ 72 \times 10^{4}$	$-2.818\ 16 \times 10^{4}$
95	$4.788\ 06 \times 10^{-1}$	$-2.834\ 72 \times 10^{4}$	$-2.818\ 16 \times 10^{4}$
96	$4.786\ 02 \times 10^{-1}$	$-2.836\ 09 \times 10^{4}$	$-2.819\ 54 \times 10^{4}$
97	$4.778\ 62 \times 10^{-1}$	$-2.840\ 27 \times 10^{4}$	$-2.823\ 74 \times 10^{4}$
98	$4.778\ 62 \times 10^{-1}$	$-2.840\ 27 \times 10^{4}$	$-2.823\ 74 \times 10^{4}$
99	$4.752\ 08 \times 10^{-1}$	$-2.854\ 15 \times 10^{4}$	$-2.837\ 72 \times 10^{4}$
100	$4.733\ 73 \times 10^{-1}$	$-2.863\ 99 \times 10^{4}$	$-2.847\ 65 \times 10^{4}$
101	$4.715\ 24 \times 10^{-1}$	$-2.874\ 79 \times 10^{4}$	$-2.858\ 51 \times 10^{4}$
102	$4.705\ 23 \times 10^{-1}$	$-2.879\ 30 \times 10^{4}$	$-2.863\ 07 \times 10^{4}$
103	$4.704\ 99 \times 10^{-1}$	$-2.880\ 42 \times 10^{4}$	$-2.864\ 18 \times 10^{4}$
104	$4.646\ 95 \times 10^{-1}$	$-2.911\ 28 \times 10^{4}$	$-2.895\ 28 \times 10^{4}$
105	$4.641\ 05 \times 10^{-1}$	$-2.914\ 42 \times 10^{4}$	$-2.898\ 45 \times 10^{4}$
106	$4.641\ 05 \times 10^{-1}$	$-2.915\ 37 \times 10^{4}$	$-2.899\ 37 \times 10^{4}$
107	$4.639\ 52 \times 10^{-1}$	$-2.915\ 37 \times 10^{4}$	$-2.899\ 37 \times 10^{4}$
108	$4.623\ 65 \times 10^{-1}$	$-2.923\ 50 \times 10^{4}$	$-2.907\ 58 \times 10^{4}$
109	$4.600\ 06 \times 10^{-1}$	$-2.935\ 30 \times 10^{4}$	$-2.919\ 49 \times 10^{4}$
110	$4.593\ 62 \times 10^{-1}$	$-2.939\ 76 \times 10^{4}$	$-2.923\ 95 \times 10^{4}$
111	$4.517\ 24 \times 10^{-1}$	$-2.980\ 00 \times 10^{4}$	$-2.964\ 52 \times 10^{4}$

续表

谐波阶数 n	λ 本征值	瞬发 α 本征值*/s^{-1}	瞬发 α 本征值**/s^{-1}
112	$4.475\ 51 \times 10^{-1}$	$-3.005\ 41 \times 10^{4}$	$-2.990\ 06 \times 10^{4}$
113	$4.452\ 64 \times 10^{-1}$	$-3.014\ 99 \times 10^{4}$	$-2.999\ 74 \times 10^{4}$
114	$4.452\ 64 \times 10^{-1}$	$-3.014\ 99 \times 10^{4}$	$-2.999\ 74 \times 10^{4}$
115	$4.451\ 78 \times 10^{-1}$	$-3.016\ 47 \times 10^{4}$	$-3.001\ 23 \times 10^{4}$
116	$4.412\ 39 \times 10^{-1}$	$-3.037\ 01 \times 10^{4}$	$-3.021\ 92 \times 10^{4}$
117	$4.412\ 39 \times 10^{-1}$	$-3.037\ 01 \times 10^{4}$	$-3.021\ 92 \times 10^{4}$
118	$4.378\ 50 \times 10^{-1}$	$-3.055\ 94 \times 10^{4}$	$-3.040\ 98 \times 10^{4}$
119	$4.377\ 74 \times 10^{-1}$	$-3.056\ 39 \times 10^{4}$	$-3.041\ 43 \times 10^{4}$
120	$4.374\ 63 \times 10^{-1}$	$-3.056\ 78 \times 10^{4}$	$-3.041\ 84 \times 10^{4}$
121	$4.374\ 63 \times 10^{-1}$	$-3.056\ 78 \times 10^{4}$	$-3.041\ 84 \times 10^{4}$
122	$4.357\ 56 \times 10^{-1}$	$-3.067\ 61 \times 10^{4}$	$-3.052\ 72 \times 10^{4}$
123	$4.346\ 89 \times 10^{-1}$	$-3.074\ 94 \times 10^{4}$	$-3.060\ 10 \times 10^{4}$
124	$4.330\ 16 \times 10^{-1}$	$-3.081\ 16 \times 10^{4}$	$-3.066\ 39 \times 10^{4}$
125	$4.324\ 57 \times 10^{-1}$	$-3.084\ 61 \times 10^{4}$	$-3.069\ 86 \times 10^{4}$
126	$4.324\ 57 \times 10^{-1}$	$-3.084\ 61 \times 10^{4}$	$-3.069\ 86 \times 10^{4}$
127	$4.320\ 87 \times 10^{-1}$	$-3.088\ 22 \times 10^{4}$	$-3.073\ 47 \times 10^{4}$
128	$4.320\ 87 \times 10^{-1}$	$-3.088\ 22 \times 10^{4}$	$-3.073\ 47 \times 10^{4}$
129	$4.261\ 10 \times 10^{-1}$	$-3.120\ 18 \times 10^{4}$	$-3.105\ 67 \times 10^{4}$
130	$4.261\ 10 \times 10^{-1}$	$-3.120\ 18 \times 10^{4}$	$-3.105\ 67 \times 10^{4}$
131	$4.203\ 88 \times 10^{-1}$	$-3.149\ 63 \times 10^{4}$	$-3.135\ 34 \times 10^{4}$
132	$4.196\ 71 \times 10^{-1}$	$-3.153\ 92 \times 10^{4}$	$-3.139\ 66 \times 10^{4}$
133	$4.196\ 71 \times 10^{-1}$	$-3.153\ 92 \times 10^{4}$	$-3.139\ 66 \times 10^{4}$
134	$4.191\ 07 \times 10^{-1}$	$-3.157\ 32 \times 10^{4}$	$-3.143\ 07 \times 10^{4}$
135	$4.180\ 11 \times 10^{-1}$	$-3.163\ 20 \times 10^{4}$	$-3.149\ 02 \times 10^{4}$
136	$4.177\ 56 \times 10^{-1}$	$-3.164\ 18 \times 10^{4}$	$-3.149\ 96 \times 10^{4}$
137	$4.174\ 86 \times 10^{-1}$	$-3.165\ 34 \times 10^{4}$	$-3.151\ 17 \times 10^{4}$
138	$4.174\ 86 \times 10^{-1}$	$-3.165\ 34 \times 10^{4}$	$-3.151\ 17 \times 10^{4}$
139	$4.170\ 31 \times 10^{-1}$	$-3.170\ 79 \times 10^{4}$	$-3.156\ 66 \times 10^{4}$
140	$4.164\ 79 \times 10^{-1}$	$-3.171\ 05 \times 10^{4}$	$-3.156\ 88 \times 10^{4}$
141	$4.162\ 65 \times 10^{-1}$	$-3.171\ 35 \times 10^{4}$	$-3.157\ 23 \times 10^{4}$
142	$4.150\ 79 \times 10^{-1}$	$-3.179\ 80 \times 10^{4}$	$-3.165\ 72 \times 10^{4}$
143	$4.127\ 83 \times 10^{-1}$	$-3.190\ 86 \times 10^{4}$	$-3.176\ 88 \times 10^{4}$
144	$4.105\ 39 \times 10^{-1}$	$-3.204\ 18 \times 10^{4}$	$-3.190\ 27 \times 10^{4}$

续表

谐波阶数 n	λ 本征值	瞬发 α 本征值*/s^{-1}	瞬发 α 本征值**/s^{-1}
145	$4.086\,00 \times 10^{-1}$	$-3.213\,59 \times 10^{4}$	$-3.199\,76 \times 10^{4}$
146	$4.071\,52 \times 10^{-1}$	$-3.225\,58 \times 10^{4}$	$-3.211\,79 \times 10^{4}$
147	$4.071\,52 \times 10^{-1}$	$-3.225\,58 \times 10^{4}$	$-3.211\,79 \times 10^{4}$
148	$4.043\,42 \times 10^{-1}$	$-3.237\,24 \times 10^{4}$	$-3.223\,57 \times 10^{4}$
149	$4.043\,42 \times 10^{-1}$	$-3.237\,24 \times 10^{4}$	$-3.223\,57 \times 10^{4}$
150	$4.041\,26 \times 10^{-1}$	$-3.238\,51 \times 10^{4}$	$-3.224\,85 \times 10^{4}$
151	$4.029\,10 \times 10^{-1}$	$-3.245\,57 \times 10^{4}$	$-3.231\,96 \times 10^{4}$
152	$4.029\,10 \times 10^{-1}$	$-3.245\,57 \times 10^{4}$	$-3.231\,96 \times 10^{4}$
153	$4.011\,06 \times 10^{-1}$	$-3.254\,29 \times 10^{4}$	$-3.240\,75 \times 10^{4}$
154	$4.010\,44 \times 10^{-1}$	$-3.254\,83 \times 10^{4}$	$-3.241\,29 \times 10^{4}$
155	$4.006\,52 \times 10^{-1}$	$-3.257\,90 \times 10^{4}$	$-3.244\,37 \times 10^{4}$
156	$3.997\,07 \times 10^{-1}$	$-3.261\,96 \times 10^{4}$	$-3.248\,47 \times 10^{4}$
157	$3.981\,25 \times 10^{-1}$	$-3.270\,31 \times 10^{4}$	$-3.256\,89 \times 10^{4}$
158	$3.979\,43 \times 10^{-1}$	$-3.273\,71 \times 10^{4}$	$-3.260\,28 \times 10^{4}$
159	$3.973\,67 \times 10^{-1}$	$-3.278\,34 \times 10^{4}$	$-3.264\,92 \times 10^{4}$
160	$3.929\,49 \times 10^{-1}$	$-3.301\,92 \times 10^{4}$	$-3.288\,67 \times 10^{4}$
161	$3.929\,49 \times 10^{-1}$	$-3.301\,92 \times 10^{4}$	$-3.288\,67 \times 10^{4}$
162	$3.911\,37 \times 10^{-1}$	$-3.313\,74 \times 10^{4}$	$-3.300\,55 \times 10^{4}$
163	$3.911\,37 \times 10^{-1}$	$-3.313\,74 \times 10^{4}$	$-3.300\,55 \times 10^{4}$
164	$3.905\,78 \times 10^{-1}$	$-3.314\,65 \times 10^{4}$	$-3.301\,49 \times 10^{4}$
165	$3.897\,19 \times 10^{-1}$	$-3.320\,89 \times 10^{4}$	$-3.307\,76 \times 10^{4}$
166	$3.896\,02 \times 10^{-1}$	$-3.324\,84 \times 10^{4}$	$-3.311\,70 \times 10^{4}$
167	$3.872\,13 \times 10^{-1}$	$-3.331\,33 \times 10^{4}$	$-3.318\,32 \times 10^{4}$
168	$3.847\,17 \times 10^{-1}$	$-3.345\,35 \times 10^{4}$	$-3.332\,42 \times 10^{4}$
169	$3.847\,17 \times 10^{-1}$	$-3.345\,35 \times 10^{4}$	$-3.332\,42 \times 10^{4}$
170	$3.846\,23 \times 10^{-1}$	$-3.346\,31 \times 10^{4}$	$-3.333\,38 \times 10^{4}$
171	$3.846\,23 \times 10^{-1}$	$-3.346\,31 \times 10^{4}$	$-3.333\,38 \times 10^{4}$
172	$3.830\,43 \times 10^{-1}$	$-3.354\,57 \times 10^{4}$	$-3.341\,70 \times 10^{4}$
173	$3.827\,68 \times 10^{-1}$	$-3.355\,78 \times 10^{4}$	$-3.342\,93 \times 10^{4}$
174	$3.827\,68 \times 10^{-1}$	$-3.355\,78 \times 10^{4}$	$-3.342\,93 \times 10^{4}$
175	$3.799\,54 \times 10^{-1}$	$-3.370\,48 \times 10^{4}$	$-3.357\,74 \times 10^{4}$
176	$3.799\,54 \times 10^{-1}$	$-3.370\,48 \times 10^{4}$	$-3.357\,74 \times 10^{4}$
177	$3.781\,87 \times 10^{-1}$	$-3.382\,50 \times 10^{4}$	$-3.369\,82 \times 10^{4}$

续表

谐波阶数 n	λ 本征值	瞬发 α 本征值*/s^{-1}	瞬发 α 本征值**/s^{-1}
178	$3.769\ 48 \times 10^{-1}$	$-3.388\ 79 \times 10^{4}$	$-3.376\ 14 \times 10^{4}$
179	$3.769\ 48 \times 10^{-1}$	$-3.388\ 79 \times 10^{4}$	$-3.376\ 14 \times 10^{4}$
180	$3.753\ 10 \times 10^{-1}$	$-3.396\ 66 \times 10^{4}$	$-3.384\ 08 \times 10^{4}$
181	$3.746\ 05 \times 10^{-1}$	$-3.403\ 69 \times 10^{4}$	$-3.391\ 16 \times 10^{4}$
182	$3.740\ 45 \times 10^{-1}$	$-3.407\ 82 \times 10^{4}$	$-3.395\ 30 \times 10^{4}$
183	$3.735\ 06 \times 10^{-1}$	$-3.408\ 20 \times 10^{4}$	$-3.395\ 63 \times 10^{4}$
184	$3.735\ 06 \times 10^{-1}$	$-3.408\ 63 \times 10^{4}$	$-3.396\ 12 \times 10^{4}$
185	$3.735\ 04 \times 10^{-1}$	$-3.408\ 63 \times 10^{4}$	$-3.396\ 12 \times 10^{4}$
186	$3.723\ 62 \times 10^{-1}$	$-3.413\ 74 \times 10^{4}$	$-3.401\ 29 \times 10^{4}$
187	$3.699\ 12 \times 10^{-1}$	$-3.428\ 12 \times 10^{4}$	$-3.415\ 74 \times 10^{4}$
188	$3.699\ 12 \times 10^{-1}$	$-3.428\ 12 \times 10^{4}$	$-3.415\ 74 \times 10^{4}$
189	$3.687\ 95 \times 10^{-1}$	$-3.433\ 00 \times 10^{4}$	$-3.420\ 67 \times 10^{4}$
190	$3.686\ 54 \times 10^{-1}$	$-3.434\ 27 \times 10^{4}$	$-3.421\ 95 \times 10^{4}$
191	$3.663\ 02 \times 10^{-1}$	$-3.450\ 82 \times 10^{4}$	$-3.438\ 61 \times 10^{4}$
192	$3.663\ 02 \times 10^{-1}$	$-3.451\ 68 \times 10^{4}$	$-3.439\ 43 \times 10^{4}$
193	$3.655\ 82 \times 10^{-1}$	$-3.451\ 68 \times 10^{4}$	$-3.439\ 43 \times 10^{4}$
194	$3.635\ 41 \times 10^{-1}$	$-3.462\ 10 \times 10^{4}$	$-3.449\ 97 \times 10^{4}$
195	$3.635\ 41 \times 10^{-1}$	$-3.462\ 10 \times 10^{4}$	$-3.449\ 97 \times 10^{4}$
196	$3.623\ 85 \times 10^{-1}$	$-3.469\ 69 \times 10^{4}$	$-3.457\ 60 \times 10^{4}$
197	$3.610\ 70 \times 10^{-1}$	$-3.476\ 39 \times 10^{4}$	$-3.464\ 34 \times 10^{4}$
198	$3.610\ 70 \times 10^{-1}$	$-3.476\ 39 \times 10^{4}$	$-3.464\ 34 \times 10^{4}$
199	$3.599\ 44 \times 10^{-1}$	$-3.482\ 02 \times 10^{4}$	$-3.470\ 02 \times 10^{4}$
200	$3.579\ 09 \times 10^{-1}$	$-3.494\ 73 \times 10^{4}$	$-3.482\ 80 \times 10^{4}$

*仅考虑瞬发中子；**不区分瞬发、缓发中子。